U0159728

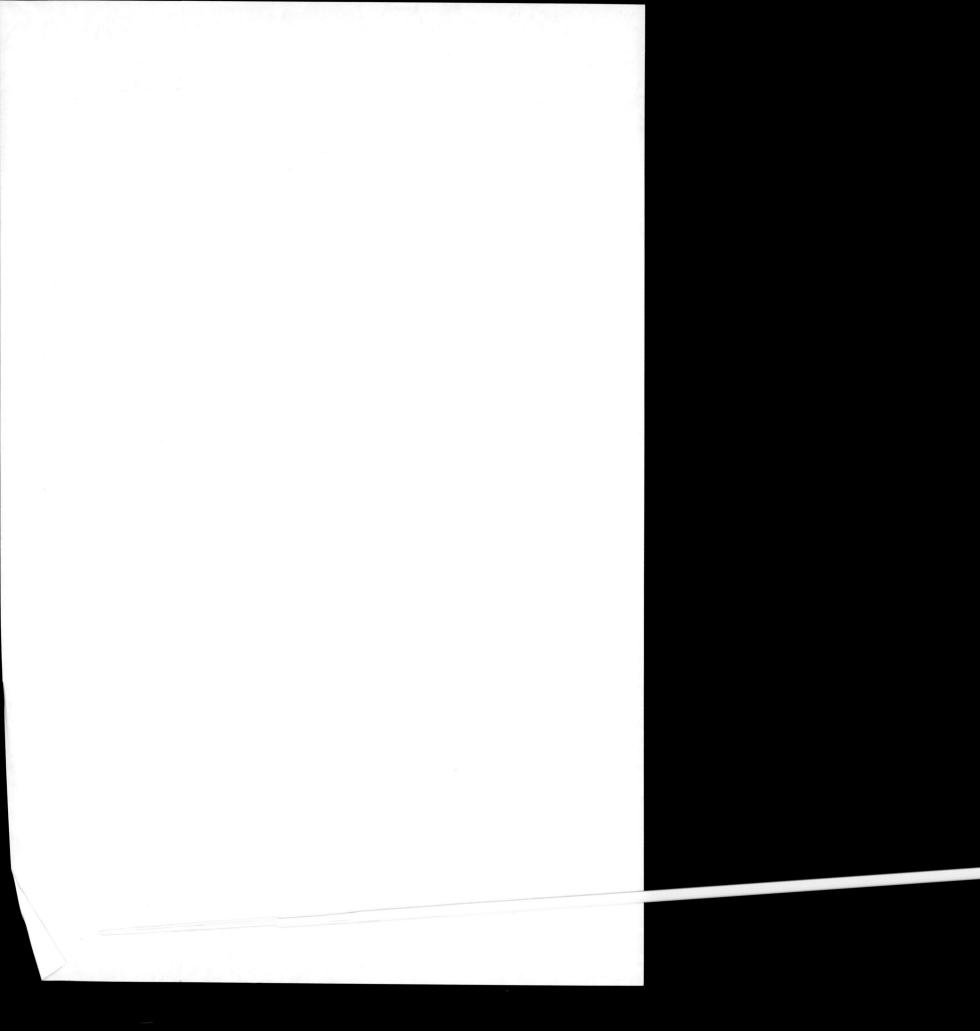

住房和城乡建设部"十四五"规划教材

高等学校土建类新工科系列教材

江苏省高等学校重点教材（2021-2-258）

结构类模型创构与实现

叶继红　张营营　主编

中国建筑工业出版社

图书在版编目（CIP）数据

结构类模型创构与实现／叶继红，张营营主编. —
北京：中国建筑工业出版社，2023.11
住房和城乡建设部"十四五"规划教材 高等学校土
建类新工科系列教材 江苏省高等学校重点教材
ISBN 978-7-112-29304-9

Ⅰ.①结… Ⅱ.①叶… ②张… Ⅲ.①建筑结构—模
型（建筑）—高等学校—教材 Ⅳ.①TU317

中国国家版本馆CIP数据核字（2023）第208048号

近年来，大学生结构模型设计竞赛在我国各高校中得到了重视和发展。结构设计竞赛不仅考查学生的理论知识掌握情况，更是注重强调实践动手能力，而且还能表现学生的数值分析能力和表达能力，是学生综合能力的体现，受到广大师生的青睐。本书基于部分学校开设的"结构类模型创构与实现"课程，讲解了完成结构模型竞赛所需要的相关知识，包括结构选型与优化、结构模型制作、结构力学性能分析及上机实践、经典赛题解析。通过综合运用材料力学、理论力学、结构力学、结构测试技术、土木工程材料、建筑施工等相关主干课程知识，进行模型的设计和制作，同时完成数值分析和计算书的撰写，旨在培养学生的创新思维、应用能力和动手能力，强化培养团队意识和协作能力。

本书可供高校土木类相关专业的本科生教学使用，也可作为大学生结构设计竞赛的参赛指导教程。

为了更好地支持教学，我社向采用本书作为教材的教师提供课件，有需要者可与出版社联系，索取方式如下：建工书院https://edu.cabplink.com，邮箱jckj@cabp.com.cn，电话（010）58337285。

责任编辑：仕　帅　吉万旺
书籍设计：锋尚设计
责任校对：姜小莲

住房和城乡建设部"十四五"规划教材 高等学校土建类新工科系列教材
江苏省高等学校重点教材（2021-2-258）

结构类模型创构与实现

叶继红　张营营　主编

*

中国建筑工业出版社出版、发行（北京海淀三里河路9号）

各地新华书店、建筑书店经销

北京锋尚制版有限公司制版

北京君升印刷有限公司印刷

*

开本：787毫米×1092毫米 1/16 印张：16 字数：319千字
2024年5月第一版 2024年5月第一次印刷
定价：**49.00**元（赠教师课件及配套数字资源）
ISBN 978-7-112-29304-9
（41274）

　　党和国家高度重视教材建设。2016年，中办国办印发了《关于加强和改进新形势下大中小学教材建设的意见》，提出要健全国家教材制度。2019年12月，教育部牵头制定了《普通高等学校教材管理办法》和《职业院校教材管理办法》，旨在全面加强党的领导，切实提高教材建设的科学化水平，打造精品教材。住房和城乡建设部历来重视土建类学科专业教材建设，从"九五"开始组织部级规划教材立项工作，经过近30年的不断建设，规划教材提升了住房和城乡建设行业教材质量和认可度，出版了一系列精品教材，有效促进了行业部门引导专业教育，推动了行业高质量发展。

　　为进一步加强高等教育、职业教育住房和城乡建设领域学科专业教材建设工作，提高住房和城乡建设行业人才培养质量，2020年12月，住房和城乡建设部办公厅印发《关于申报高等教育职业教育住房和城乡建设领域学科专业"十四五"规划教材的通知》（建办人函〔2020〕656号），开展了住房和城乡建设部"十四五"规划教材选题的申报工作。经过专家评审和部人事司审核，512项选题列入住房和城乡建设领域学科专业"十四五"规划教材（简称规划教材）。2021年9月，住房和城乡建设部印发了《高等教育职业教育住房和城乡建设领域学科专业"十四五"规划教材选题的通知》（建人函〔2021〕36号）。为做好"十四五"规划教材的编写、审核、出版等工作，《通知》要求：（1）规划教材的编著者应依据《住房和城乡建设领域学科专业"十四五"规划教材申请书》（简称《申请书》）中的立项目标、申报依据、工作安排及进度，按时编写出高质量的教材；（2）规划教材编著者所在单位应履行《申请书》中的学校保证计划实施的主要条件，支持编著者按计划完成书稿编写工作；（3）高等学校土建类专业课程教材与教学资源专家委员会、全国住房和城乡建设职业教育教学指导委员会、住房和城乡建设部中等职业教育专业指导委员会应做好规划教材的指导、协调和审稿等工作，保证编写质量；（4）规划教材出版单位应积极配合，做好编辑、出版、发行等工作；（5）规划教材封面和书脊应标注"住房和城乡建设部'十四五'规划教材"字样和统一标识；（6）规划教材应在"十四五"期间完成出版，逾期不能完成的，不再作为《住房和城乡建设领域学科专业"十四五"规划教材》。

住房和城乡建设领域学科专业"十四五"规划教材的特点：一是重点以修订教育部、住房和城乡建设部"十二五""十三五"规划教材为主；二是严格按照专业标准规范要求编写，体现新发展理念；三是系列教材具有明显特点，满足不同层次和类型的学校专业教学要求；四是配备了数字资源，适应现代化教学的要求。规划教材的出版凝聚了作者、主审及编辑的心血，得到了有关院校、出版单位的大力支持，教材建设管理过程有严格保障。希望广大院校及各专业师生在选用、使用过程中，对规划教材的编写、出版质量进行反馈，以促进规划教材建设质量不断提高。

住房和城乡建设部"十四五"规划教材办公室

2021年11月

在土建类行业转型升级的大背景下，在工科教育专业认证和数字化、信息化的时代背景双重条件下，土木工程专业高等教育的人才培养面临着很多的新问题、新需求及新挑战。传统模型设计课程以知识点为主线构建知识体系的设计思路，用纸质命题的方式对学生进行考核，主体侧重考查学生对所学理论知识的掌握程度，形式较为单一。模型设计课程作为一门以实践为主的课程，考核重点在学生的实际操作、沟通表达和分析判断等能力，力求学生对整个行业和学科具有系统化、结构化的认识，让学生自我激发，进一步实现主动学习。

结构类模型设计主要分为三个方面：结构选型设计、构件设计和连接节点设计。这三个环节是相辅相成、互为一体的，整个过程需要学生具有丰富的综合知识素养。对于土木工程专业大学生来说，结构模型设计竞赛是一项具有极强专业特色的重要学科竞赛，也是极富挑战性、创造性的科技竞赛。通过综合运用材料力学、理论力学、结构力学、结构设计原理等相关主干课程知识，进行模型的设计和制作，旨在培养学生的创新思维、应用能力和动手能力，强化培养团队意识和协作能力。对于学生来说，参加结构模型竞赛是对学生知识掌握程度进行检验的较好手段，是宝贵的学习实践机会。这类结构模型设计竞赛需要学生具有较强的想象力和创造力，对于学生而言是一种具有挑战性的任务。因为学科竞赛除了是对其所学知识掌握程度的一种检验，更是对学生的自我学习和自我认知能力的考验，对学生收集资料的能力也会有很大提升。

2017年中国矿业大学土木工程专业首次开设"结构类模型创构与实现"课程，而后经过不断优化授课内容，形成了完备的课程内容体系，实现以学生实践为主、教师教学为辅，启发和培养学生的创新思维和观察分析能力，通过结构模型设计与制作实践提高学生的创新设计能力、动手实践能力和综合素质的创新型课程模式。作为土木工程专业选修课程，"结构类模型创构与实现"这门课程将讲课、研讨、实验和上机等多种教学方法相结合，主要讲授和研讨结构选型优化与设计方法、常规设计软件的基本运用、结构试验方法和设计以及结构模型的制作方法，同时安排了有限元分析上机实验和模型制作、加载与测试等大量实践环节。

课程构建了"理论学习、动手制作、数值分析与加载汇报"四位一体的综合教学设计，全面提高学生的创新设计能力、动手实践能力和综合素质。课程始终坚持以学生为主体的教学思想，采用任务驱动教学、案例分析教学、研讨式教学等先进教学理念和方法，与当前人才培养所倡导的具有创新能力、综合能力和工程实践能力的人才培养思路高度契合。课程能够将理论与实际密切结合，有效解决了传统教学中学生重理论轻试验、重结果轻过程、重个体轻合作等突出问题，有效地提高学生分析与解决问题的能力。

基于多年的"结构类模型创构与实现"课程教学经验，团队整理归纳了相关教材的思路。教材主要包括：结构选型与优化、结构模型制作、结构力学性能分析及上机实践、经典赛题解析四章内容。全书结构合理，内容紧凑，讲解深入浅出，在掌握结构设计知识的同时培养实践与建模分析能力。

本书由叶继红（负责第1章）、张营营（负责第2～4章）主编。全书由中国矿业大学吕恒林教授主审。参与编写的还有范力、杜健民、李贤、贾福萍，在此一并感谢。

为方便读者使用本书，对于书中计算分析例题，团队录制了相应的教学视频，读者可扫码进行辅助学习。

本书可供高等院校土木类相关专业的本科生、专科生使用，也可作为大学生结构设计竞赛的参赛指导教程。

由于结构模型竞赛发展速度迅猛、模型制作工艺也各有千秋，加之作者水平与精力有限，书中难免有不妥和遗漏之处，还望读者海涵和指正，不胜感激！

第2章
结构模型制作 065

2.1 不同截面杆件制作 066

2.2 模型杆件之间的连接制作 069

2.3 构件模型制作 069

2.4 手工制作要点 075

第1章

结构选型与优化

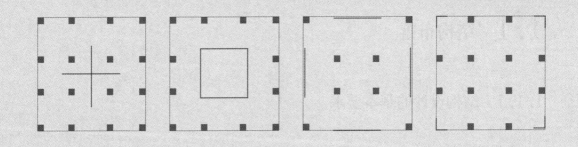

随着现代科技的发展，建筑设计人员和结构设计人员的联系也越来越紧密，相互合作也越来越密切，建筑物应是建筑师和结构工程师等创造性合作的产物。一个有效的建筑物，必然是建筑与结构有机结合的统一体，建筑和结构设计人员必须处理好相互关联的功能所需的空间形式，设计出最适宜的结构体系，使之与建筑形象相融合。

建筑结构作为建筑物的受力骨架，形成了人类活动的建筑空间，以满足人类的生产和生活需求及对建筑物的美观要求。无论工业建筑、居住建筑还是公共建筑，都必须承受结构自重、外部荷载作用、变形作用以及环境作用。结构失效将会带来生命和财产的巨大损失，建筑师应充分了解各种结构形式的基本力学特点、应用范围以及施工中必须采用的设备和技术措施，在工程设计中更好地满足结构最基本的功能要求。

在建筑结构的设计中，结构选型非常重要，一种好的结构形式是一个好的建筑的基础。结构形式的好坏关系到建筑物是否适用、经济、美观。结构选型不单纯是结构问题，而是一个综合性的科学问题。结构形式的选择不仅要考虑建筑上的使用功能、结构上的安全可靠、施工上的条件许可，也要考虑造价上的经济合理和艺术上的造型美观。所以，结构选型是建筑艺术与工程技术的综合。在一个建筑项目的设计班子中，建筑师往往居于领导地位，需要建筑师与结构工程师进行沟通，在设计的各方面充当协调者。然而，在传统文化的影响下，建筑师常常被优先培养成为一个艺术家。并且，由于现代建筑技术的发展，新材料和新结构的采用，建筑师在技术方面的知识有局限性，只有对基本结构知识有较深刻的了解，建筑师才可能胜任自己的工作，才能处理好建筑和结构的关系。

1.1 结构布置

1.1.1 结构设计的基本要求

新型建筑材料的生产、施工技术的进步、结构分析方法的发展，都给建筑设计带来了一定的灵活性，但现代建筑仍需满足结构的基本要求，包括平衡性、稳定性、承载能力、适用性、经济性及美观性等方面。

平衡性：平衡的基本要求就是保证结构和结构的任何一部分在荷载作用下都不发生运动，力的平衡条件总能得到满足。从宏观上看，建筑物应该是静止的。

稳定性：整个结构或结构的任何一部分作为刚体不允许发生危险的运动，这种危险可能来自结构自身，也可能来自地基的不均匀沉降或地基土的滑坡等。

承载能力：结构或结构的任何一部分在预计的荷载作用下必须安全可靠，具备足够的承载能力。结构工程师对结构承载能力的设计负有不可推卸的责任。

适用性：结构应当满足建筑物的使用目的，不应出现影响正常使用的过大变形、过宽的裂缝、过大的振动、局部损坏等。

经济性：结构的经济性体现在多个方面，并不是单纯地指造价，而且结构的造价不仅受材料和劳动力价格的影响，还受施工方法、施工速度及结构维护费用的影响。

美观性：结构对美学的要求越来越高，有时甚至超过对承载力和经济性的要求，尤其是象征性和纪念性的地标性建筑。

1.1.2　结构选型和布置的原则

本节主要从结构的对称性、连续性、周边作用、角部构件及多道防御等方面，分析结构选型和布置对结构整体承载力的影响。

1. 对称性

对称性对于建筑结构的抗震性能非常重要。对称性包括建筑平面的对称、质量分布的对称、结构抗侧刚度的对称三个方面。

最佳的方案是使建筑平面形心、质量中心、结构抗侧刚度中心在平面上位于同一点上、在竖向位于同一铅垂线上，简称"三心重合"。

1）建筑平面的对称性

建筑平面形状最好是双轴对称的，这是最理想的，但有时也可能是单轴对称，甚至是没有对称轴，如图1-1所示。

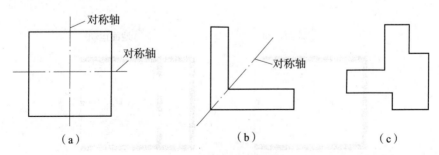

图1-1　建筑平面对称性
（a）双轴对称；（b）单轴对称；（c）非对称

不对称的建筑平面对结构而言，会产生三个问题：一是会引起外荷载作用的不均匀，从而产生扭矩；二是会在凹角处产生应力集中；三是不对称的建筑平面很难使三心重合。因此，对于单轴对称或无轴对称的建筑平面，在结构布置时必须十分小心，进行周密计算，并考虑结构的空间作用。

2）质量布置的对称性

仅仅是建筑平面的对称并不能保证结构不发生扭转。在建筑平面对称和结构刚度均匀分布的情况下，若建筑物质量分布有较大偏心，当遇到地震作用时，地震惯性力的合力也将会对结构抗侧刚度中心产生扭矩，从而会引起建筑物的扭转甚至破坏。

3）结构抗侧刚度的对称性

抗侧力构件的布置对结构受力有十分重要的影响。常常会遇到这样的情况，即在对称的建筑外形中进行了不对称的建筑平面布置，从而导致了结构刚度的不对称布置。如图1-2、图1-3所示，在建筑物的一侧布置墙体，而在其他部位则为框架结构。由于墙

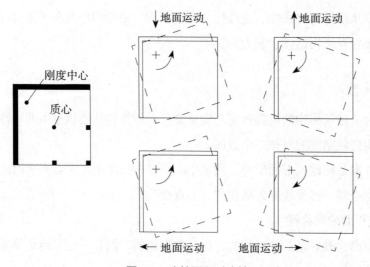

图1-2 建筑平面对称性

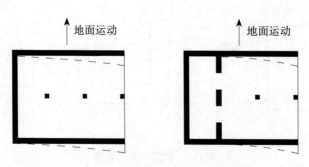

图1-3 抗侧墙体的不均匀布置

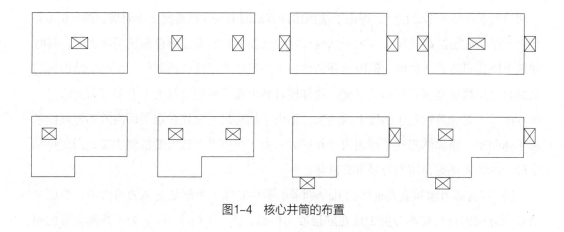

图1-4 核心井筒的布置

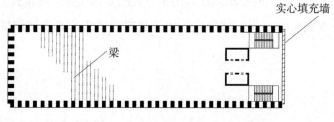

图1-5 马拿瓜国家银行结构平面

体的抗侧刚度要比框架大得多，这样当建筑物受到均匀的侧向荷载作用时，楼盖平面显然将发生图中虚线所示的扭转变位。

布置在楼梯间、电梯间四周的墙体所形成的楼、电梯井筒往往能提供较大的抗侧刚度，因此楼、电梯井筒的位置对结构受力有较大的影响，图1-4给出了矩形平面和L形平面中楼、电梯井筒常见的布置方式。显然，矩形平面中楼、电梯井筒如为对称布置，容易满足"三心重合"的要求，而L形平面却难以满足"三心重合"的要求。

图1-5为马拿瓜国家银行结构平面，在矩形的建筑平面中，一侧集中布置了实心填充外墙及两个核心筒，而另三边则采用了空旷的密柱框架，楼盖结构为单向密肋板。结构的抗侧刚度中心明显地与建筑平面形心和建筑质量中心偏离，该建筑在1972年尼加拉瓜地震中受到严重损坏。

2．连续性

连续性是结构布置中的重要方面，而又常常与建筑布置相矛盾。建筑师往往希望从平面到立面都丰富多变，而合理的结构布置却应该是连续的、均匀的，不应使刚度发生突变。

图1-6为框架结构刚度不连续、形成薄弱层的几个例子。图1-6（a）中由于底层大

空间的要求抽掉了部分柱子，即由于结构构件布置的不连续性形成了薄弱层。图1-6（b）是由于结构底层层高较高，即由于结构尺寸变化在竖向的不连续性形成了薄弱层。有时建筑上层高可能是一致的，但因上部结构的层高是楼板至楼板的高度，而底层结构的层高是自二层楼板至基础顶面的高度，这样便自然出现了底层层高大于上部层高的情况。图1-6（c）是建筑物建于山坡上的情况，即由于结构尺寸变化在层平面内的不连续性形成了薄弱层。很显然当柱子截面尺寸相同时，由于短柱具有较大的抗侧刚度，因此将承受较大的侧向地震作用而容易首先破坏。

图1-7为剪力墙布置不连续的几个例子。图1-7（a）为框架支承的剪力墙，当底层需要大开间时往往将部分剪力墙在底层改为框架。图1-7（b）、（c）为不规则布置的剪力墙结构，由于立面造型上的要求或建筑门窗布置的要求使剪力墙布置上下无法对齐。图1-7（d）的布置则常常出现在楼梯间，由于楼梯间采光的要求使洞口错位布置。很

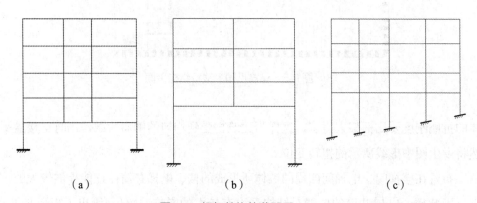

（a）　　　　　　　　　（b）　　　　　　　　　（c）

图1-6　框架结构的薄弱层

（a）结构底层大空间；（b）结构底层层高较高；（c）建筑物建于山坡上

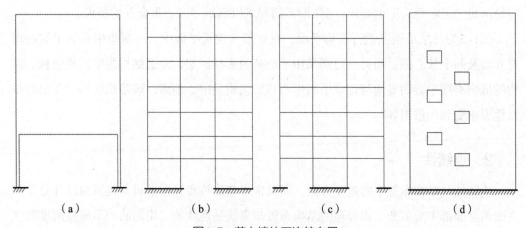

（a）　　　　　（b）　　　　　（c）　　　　　（d）

图1-7　剪力墙的不连续布置

（a）框架支承剪力墙；（b）不规则布置剪力墙结构（Ⅰ）；
（c）不规则布置剪力墙结构（Ⅱ）；（d）洞口错位布置结构

显然，对于上述结构刚度沿竖向有突变的剪力墙结构，常常会由于应力集中而产生裂缝或造成局部破坏。

3. 周边作用

图1-8为建筑平面相同、结构构件形式相同、结构材料用量相同、仅构件布置位置不一样的集中情况。由于墙体具有较大抗侧力刚度，因此墙体位置的变化对整个结构的抗倾覆和抗扭转能力有明显的影响。

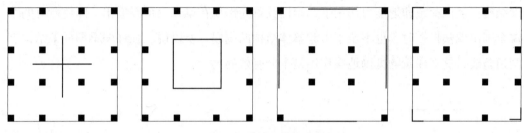

图1-8 抗侧力墙的布置

由材料力学可以得知，材料布置得离中心愈远，材料作用所对应的力臂就愈大，从而产生的抵抗矩就愈大。因此在梁设计中，常常会用工字形截面梁来代替矩形截面梁。而在高层建筑平面布置时，则应把具有较大抗侧刚度的剪力墙、核心筒布置在建筑物周边。

4. 角部构件

角部构件往往受到较大的荷载或较复杂的内力，在结构布置时应特别注意。在多层框架结构中，虽然角柱受到的轴力较小，但它作为双向受弯构件，当结构整体受扭时所受到的剪力最大。因此，在整个柱高范围内，都应采取加密箍筋等构造措施进行角柱加固。筒体结构在侧向荷载作用下，角柱内会产生比其他柱子更大的轴力，且角柱是形成结构空间的重要构件，因此，筒体结构中的角柱往往均予以加强，有时甚至在建筑平面的四角布置四个角筒，如图1-9所示。

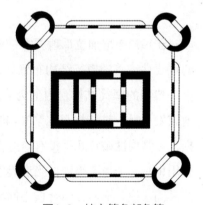

图1-9 核心筒角部角筒

5. 多道防御

多道防御的设计概念对抵抗难以准确预测的灾害有重要意义，在自然界中也有许多多道防御的例子。例如：蜘蛛网即使一半的网线被折断了也不会毁坏。另外，飞机的动力系统中一般都备有多个发动机，当其中一个甚至两个发动机发生故障时，剩余的发动机仍能继续工作，保证飞行。在建筑结构的设计中，亦要求当结构中的某些截面出现塑性铰或一部分构件受到破坏时，整个结构仍能继续工作，能够承受荷载。

以框架结构为例，由于梁、柱内塑性铰出现次序的不同而有多种可能的破坏形态，其中最典型的破坏形态如图1-10所示。图1-10（a）、（b）的结构为强梁弱柱型的，即结构在竖向荷载和地震力作用下，首先是在柱端截面发生破坏。显然，只要在某一层柱的上下端出现塑性铰，即会造成整体结构的破坏。图1-10（c）的结构为强柱弱梁型，即结构在竖向荷载和地震力作用下，塑性铰首先出现在梁端。可以看出，即使所有的梁端全部出现塑性铰时，也不至于引起整体结构的倒塌。所以说，强柱弱梁型框架结构有两道防线，这对建筑物抵御地震作用是十分有效的。

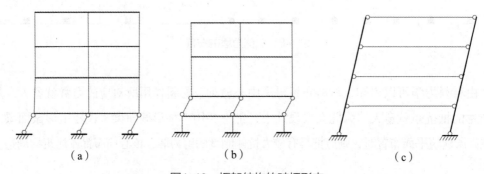

（a）　　　　　　　　（b）　　　　　　　　（c）

图1-10　框架结构的破坏形态
（a）底层强梁弱柱型结构；（b）中层强梁弱柱型结构；（c）强柱弱梁型结构

在1972年尼加拉瓜地震中，美洲银行的成功也说明了多道防御的概念在结构设计中的重要性。美洲银行结构布置如图1-11所示。该大楼地上共18层，有2层地下室，外围为一典型的框筒结构，内部为4个核心筒对称布置，4个核心筒又由梁连接形成整体。地震发生后，该结构只在第3～17层核心筒体的连系梁上有轻微斜裂缝，其他都完好无损，非结构性破坏几乎没有。这个结构除了整体抗侧刚度较大这一优点外，多道防御的作用也是一个重要因素。当地震发生时，地震惯性力由较柔的外框筒和较刚的组合核心筒共同承担。显然，组合核心筒承受了较大的侧向作用力，而组合核心筒事实上又发挥了多道防御的作用：首先是各核心筒按刚架共同工作，当连系梁发生屈服、梁端出现塑性铰后，各个核心筒与连系梁按排架进行工作。这次地震作用即将突破了结构的第一道防线，第二道防线的作用尚可进一步发挥，从而保证了建筑物在地震中的安全性。

缺少多道防御的一个反面例子是1968年伦敦的Ronan Point公寓建筑一角的逐渐坍

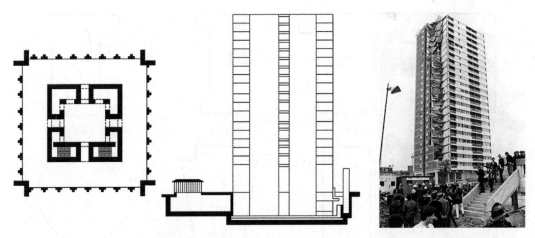

| 图1-11 美洲银行的结构布置图 | 图1-12 伦敦Ronan Point 公寓的局部坍塌 |

塌。由于第十八层发生了煤气爆炸事故，该层的一块预制嵌板遭到了破坏，从而毁坏了该层建筑的一角。由于没有第二条路径来传递上面四层的荷载，故在该角落的上部四层又逐渐塌落，接着上部几层倒塌的冲击力又逐渐地毁坏了其正下方全部十七层中的结构，见图1-12。这也提醒我们在结构设计中应该考虑多道设防，当上部楼层由于某些原因发生坍塌时，剩余楼层可以承受坍塌时的冲击力并能承受坍塌后的废墟堆积荷载的作用。

1.2 结构形式

1.2.1 梁式、刚架、桁架结构

1. 梁

梁是建筑结构中最基本的构件之一，广泛应用在中小跨度的房屋建筑中。梁主要承受垂直于梁轴线方向荷载的作用，具有受力分析简单、施工制作方便等优点。

梁常采用矩形、T形、工字形、倒L形、L形、十字形、花篮形和圆形等截面形式，如图1-13所示。矩形是最简单的截面形式，一般情况下竖放，即梁截面高度应大于梁截面宽度，这样可使梁具有较大的刚度。但当建筑上对梁高有限制时，也可采用宽度大于高度的扁梁。当钢筋混凝土梁与楼板整浇在一起时，则形成T形或倒L形截面梁。工

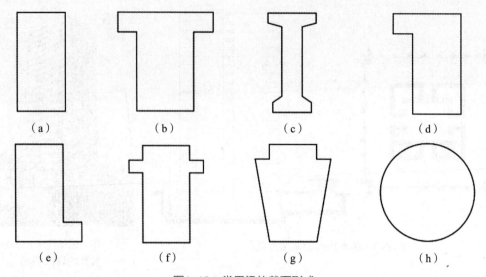

图1-13 常用梁的截面形式

（a）矩形；（b）T形；（c）工字形；（d）倒L形；（e）L形；（f）十字形；（g）花篮形；（h）圆形

字形截面一般多用于钢梁和大跨度预应力混凝土梁。十字形和花篮形截面常用于搁置预制板。圆形（环形）截面多用于木梁、管桥等。

为了适应弯矩和剪力的变化，预应力混凝土梁可采用变高度双坡薄腹梁、鱼腹梁、空腹梁，如图1-14所示。梁端因弯矩变小而剪力变大，这时可减小梁高、增加梁宽以提高抗剪承载力，故端部常采用T形截面。普通钢筋混凝土薄腹梁的适用跨度为6~12m，预应力混凝土薄腹梁的适用跨度为12~18m。

梁按支座约束条件，可分为静定梁和超静定梁。根据梁跨数的不同，又可分为单跨和多跨。梁主要承受垂直于梁轴线方向的荷载作用，其内力主要为弯矩和剪力，有时也有扭矩和轴力。梁的变形主要是挠曲变形。梁的内力与变形的大小主要与梁的约束条件有关。

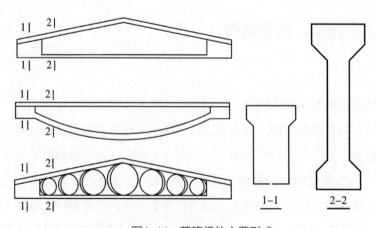

图1-14 薄腹梁的主要形式

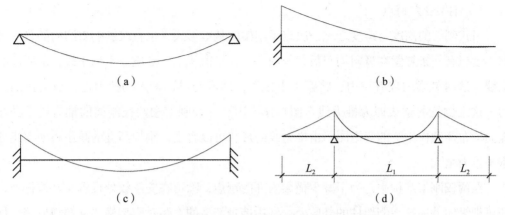

图1-15 单跨梁在竖向均布荷载作用下的弯矩图
（a）单跨简支梁；（b）单跨悬臂梁；（c）两端固定梁；（d）两端外伸梁

单跨简支梁（图1-15a）的优点是构造简单，但内力和挠度较大。单跨悬臂梁的优点是一端支撑，悬臂端视野开阔，空间布置灵活，但固定端倾覆力矩较大（图1-15b）。当梁柱节点构造为刚接时，可按两端固定梁考虑（图1-15c），它的跨中弯矩和挠度小于两端简支梁，支座负弯矩大于两端简支梁。对于两端外伸简支梁（图1-15d），由于两端外伸段负弯矩的作用，跨中最大正弯矩和挠度都将小于相同跨度的两端简支梁。这一结构的受力性能对于充分发挥材料的作用是十分有利的，而在结构构造上也是很容易实现的。

2. 刚架

刚架结构通常是指由直线杆件（梁和柱）通过刚性节点连接起来的结构。梁与柱之间为铰接的单层结构，一般称为排架；多层多跨的刚架结构则常称为框架。单层刚架为梁柱合一的结构，其内力小于排架结构，优点是梁柱截面高度小，造型轻巧，内部净空间较大，故被广泛应用于中小型厂房、体育馆、礼堂、食堂等中小跨度的建筑中。排架结构的优点是传力明确，构造简单，施工亦较方便，也广泛应用于各类工业厂房中。但与拱相比，不论是刚架还是排架，都属于以受弯为主的结构，材料强度不能充分发挥作用，这就造成了结构自重较大、用料较多、适用跨度受到限制等问题。

刚架结构的受力优于排架结构。刚架梁柱节点处为刚接，在竖向荷载作用下，柱对梁的约束作用能够减小梁跨中的弯矩和挠度。在水平荷载作用下，梁对柱子的约束作用能够减小柱内的弯矩和侧向变形，因此，刚架结构的承载力和刚度都大于排架结构。此外，刚架结构是一个典型的平面结构，其自身平面外的刚度极小，必须布置适当的支撑。

1）刚架受力特点

门式刚架的高度与跨度之比，决定了刚架的基本形式，也直接影响着结构的受力状态。设想有一条悬索在竖向均布荷载作用下，在平衡状态将形成一条悬垂线，即所谓的索线，这时悬索内仅有拉力，将索上下倒置，即成为拱，索内的拉力也变成为拱的压力，这条倒置的索线即为推力线。图1-16给出了三铰刚架和两铰刚架的推力线及其在竖向均布荷载作用下的弯矩图。由推力线的形状可以看出，刚架高度的减小将使支座处水平推力增大。

在两铰刚架结构中，为了减少横梁内部的弯矩，除可在支座铰处设置水平拉杆外，还可把纵向外墙挂在刚架柱的外肢处，利用墙身产生的力矩对刚架横梁起卸载作用，如图1-17（a）所示；也可把铰支座设在柱轴线内侧，利用支座反力与柱轴线形成的偏心距对刚架横梁产生负弯矩，如图1-17（b）所示，以减少刚架横梁的跨中弯矩，从而减少横梁高度。

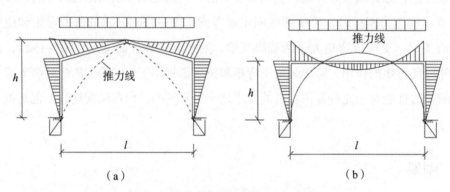

图1-16 刚架的跨度比对内力的影响
（a）三铰刚架；（b）两铰刚架

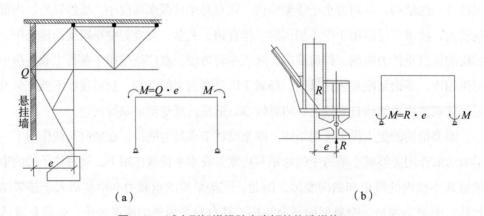

图1-17 减小刚架横梁跨中弯矩的构造措施
（a）外墙挂在刚架柱外肢处；（b）铰支座设在柱轴线内侧

温度变化对静定结构没有影响，但在超静定结构中将产生内力。内力的大小与结构的刚度有关，刚度越大，内力越大。产生结构内力的温差主要有室内外温差和季节温差。对于有空调的建筑物，室内温度为t_1，室外温度为t_2，则室内外温差为$\triangle t = t_2-t_1$，这将使杆件两侧产生不同的热胀冷缩，从而产生内力。季节温差则是指刚架在施工时的温度与使用时的温度之差。设结构在混凝土初凝时的温度为t_1，在使用时的温度为t_2，则在温度差$\triangle t = t_2-t_1$的作用下，也将使结构产生变形内力。

当产生支座位移时，门式刚架的变形与弯矩，如图1-18所示。

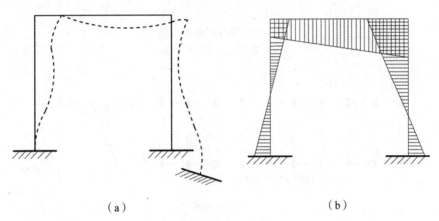

（a） （b）

图1-18　支座位移引起的变形图与弯矩图
（a）变形图；（b）弯矩图

2）刚架布置

单层刚架的建筑造型可以轻松活泼，其形式丰富多变，如图1-19所示。单层刚架按材料划分，有胶合木结构、钢结构和钢筋混凝土结构刚架；按构件截面划分，可分成实腹式、空腹式、格构式、等截面与变截面刚架；按建筑形体划分，有平顶、坡顶、拱顶、单跨与多跨刚架；按施工技术划分，有预应力和非预应力刚架。

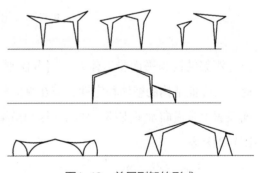

图1-19　单层刚架的形式

单层刚架可以根据通风、采光的需要，设置天窗或通风屋脊的采光带。刚架横梁的坡度主要由屋面材料及排水要求确定。对于常见中小跨度的双坡门式刚架，其屋面材料一般多用石棉水泥坡形瓦、瓦楞铁及其他轻型瓦材，通常用的屋面坡度为1/3。刚架转角处构造见图1-20。

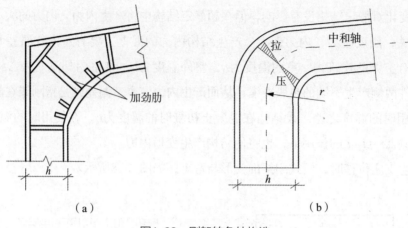

（a）   （b）

图1-20　刚架转角处构造
（a）加劲肋；（b）中和轴

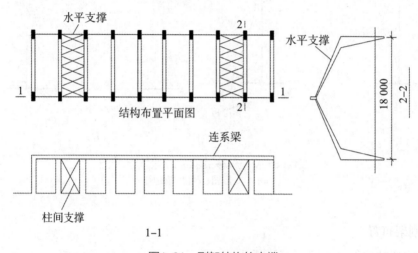

图1-21　刚架结构的支撑

刚架结构为平面受力体系，当多榀刚架平行布置时，结构纵向是几何可变体。因此，为保证结构的整体稳定性，应在纵向柱间布置连系梁及柱间支撑，同时在横梁的顶面设置上弦横向水平支撑。柱间支撑和横梁上弦横向水平支撑宜设置在同一开间内，如图1-21所示。

3．桁架结构

桁架结构是指由若干直杆在其两端用铰连接而成的结构。桁架作为承重结构，其基本原理来自三角形的稳定构型。桁架结构的优点是受力合理、计算简单、施工方便、适应性强，对支座没有横向推力，因而在结构工程中得到较为广泛的应用。在房屋建筑中，桁架常用来作为屋盖承重结构，这时常称为屋架。

桁架结构的主要缺点是结构高度大，侧向刚度小。桁架结构受压的上弦平面外稳定性差，难以抵抗房屋纵向的侧向力，这就需要设置支撑。

桁架结构主要由上弦杆、下弦杆和腹杆三部分组成，如图1-22所示。简支梁在弯矩作用下，沿梁轴线的弯矩和剪力的分布以及截面内的正应力和剪应力的分布都极不均匀。因此，若以上、下边缘处材料的强度作为控制值，则中间部分的材料就不能充分发挥作用。同时，在剪力作用下，剪应力在中和轴处最大，在上、下边缘处为零，分布在上、下边缘处的材料不能充分发挥其抗剪作用。尽管通过改变梁的截面形式（例如把梁截面由矩形改为工字形）、改变梁的截面尺寸（例如在梁的跨中和支座附近变高度、变梁宽）等做法可改善梁的受力性能，但这些都没有从本质上解决问题。

图1-22所示的桁架结构则具有与简支梁完全不同的受力性能。尽管从结构整体来说，外荷载所产生的弯矩图与剪力图与作用在简支梁上完全一致，但在桁架结构内部，则是桁架的上弦受压、下弦受拉，由此形成力偶来平衡外荷载所产生的弯矩。外荷载所产生的剪力则是由斜腹杆轴力中的竖向分量来平衡。因此，在桁架结构中，各杆件单元（上弦杆、下弦杆、斜腹杆、竖腹杆）均为轴向受拉或轴向受压构件，使材料的强度可以得到充分的发挥。

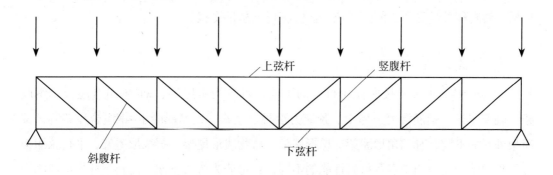

图1-22　桁架结构的组成

桁架结构中，一般假定节点为铰接节点，在实际房屋建筑工程中，真正采用铰接节点的桁架是极少的。例如，木材常常采用榫接，与铰接的力学要求较为接近；钢材常用铆接或焊接，节点可以传递一定的弯矩；钢筋混凝土的节点构造则往往采用刚性连接，如图1-23所示。因此，严格地说，钢桁架和钢筋混凝土桁架都应该按刚架结构计算，各杆件除承受轴力外，还承受弯矩的作用。不过，进一步的理论分析和工程实践经验表明，上述杆件内的弯矩所产生的应力很小，只要在节点构造上采取适当的措施，其应力对结构或构件不会造成危害，故计算中一般均将桁架结构节点按铰接处理。

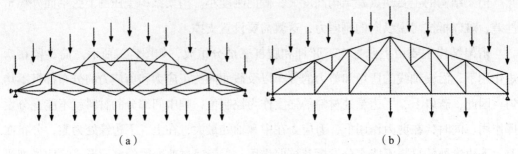

（a）　　　　　　　　　　　　　　　（b）

图1-23　钢筋混凝土桁架图
（a）拱形桁架承受竖向荷载；（b）梯形桁架承受竖向荷载

对三种常见的桁架形式，矩形桁架、三角形桁架、折线形桁架的腹杆内力计算分析可见，矩形桁架为等高桁架，故沿跨度方向各腹杆的轴力变化与剪力图一致，跨中小而支座处大，其值变化较大。三角形桁架因其高度变化速度大于剪力变化速度，故斜腹杆和竖腹杆的受力都是跨中大、支座小，而抛物线形桁架或折线形桁架的腹杆内力全部为零。可以想象，梯形桁架的腹杆受力介于矩形桁架和三角形桁架之间。

值得注意的是，斜腹杆的布置方向对腹杆受力的负荷（拉或压）有直接的关系。对于矩形桁架，斜腹杆外倾受拉，内倾受压，竖腹杆受力方向与斜腹杆相反；对于三角形桁架，斜腹杆外倾受压，内倾受拉，而竖腹杆则总是受拉。

4．屋架结构

屋架的形式很多，按所使用材料的不同，可分为木屋架、钢-木组合屋架、钢屋架、轻型屋架、钢筋混凝土屋架、预应力混凝土屋架、钢筋混凝土-钢组合屋架等；按屋架外形的不同，有三角形屋架、梯形屋架、抛物线形屋架、折线形屋架、平行弦屋架等；根据结构受力的特点及材料性能的不同，也可分为桥式屋架、无斜腹杆屋架或刚接桁架、立体桁架等。

三角形屋架一般用于屋面坡度较大的屋盖结构中，见图1-24。当屋面材料为黏土瓦、机制平瓦时，要求屋架的高跨比为1/6～1/4。三角形屋架弦杆内力变化较大，弦杆内力在支座处最大，在跨中最小，材料强度不能充分发挥作用，一般宜用于中小跨度的轻型屋盖结构。当荷载和跨度较大时，采用三角形屋架就不够经济。

梯形屋架一般用于屋面坡度较小的屋盖中，见图1-25。其受力性能比三角形屋架优越，适用于较大跨度或荷载的工业厂房。当上弦坡度为1/12～1/8时，梯形屋架的高度可取（1/10～1/6）l，当跨度大或屋面荷载小时取小值，当跨度小或屋面荷载大时取大值。梯形屋架一般都用于无檩条体系屋盖，屋面材料大多用于大型屋面板。这时上弦

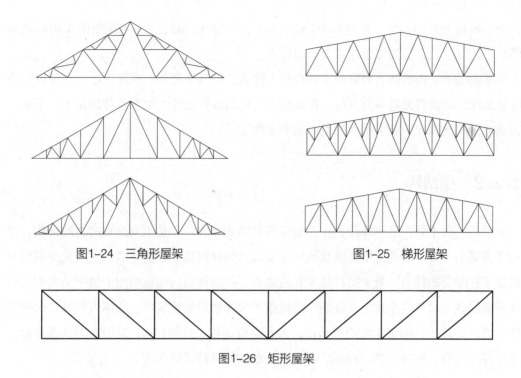

图1-24　三角形屋架　　　　　　　　　　图1-25　梯形屋架

图1-26　矩形屋架

节间长度应与大型屋面板尺寸相配合，使大型屋面板的主肋正好搁置在屋架上弦的节点上，在上弦中不产生局部弯矩。

矩形屋架也称为平行弦屋架，见图1-26。因其上、下弦平行，腹杆长度一致，杆件类型较少，易于满足标准化、工业化生产的要求。矩形屋架在均布荷载作用下，杆件内力分布极不均匀，故材料强度得不到充分利用，不宜用于大跨度结构中，一般常用于托架或支撑系统。当跨度较大时为节约材料，也可采用不同的杆件截面尺寸。

屋架的选型应考虑房屋用途、建筑造型、屋面防水构造、屋架跨度、屋架结构材料及施工技术等，做到受力合理、技术先进、经济适用。其中建筑造型和屋面防水构造主要取决于建筑要求，而屋面防水构造又决定了屋面排水坡度，也决定了屋盖的建筑造型。当屋面采用瓦屋面时，屋架上弦坡度应大些，一般不小于1/3，应选用坡度较陡的三角形屋架或折线形屋架，以利于排水；当屋面采用卷材防水、金属薄板防水时，屋架上弦坡度可平缓些，一般为1/12～1/8，应选用梯形屋架、拱形屋架以及坡度较缓的折线形屋架。屋架的节间长度与屋架的形式、材料及荷载条件有关。一般上弦受压，下弦受拉。当屋盖采用有檩体系时，屋架上弦节点应与檩条间距一致，一般取1.5～4m；当屋盖采用大型屋面板时，屋架上弦节点一般取2倍的屋面板宽度。

屋架的跨度、间距、标高等主要由建筑外观造型及使用功能的要求而决定。屋架的跨度一般以3m为模数。屋架的间距除建筑平面柱网布置的要求外，还要考虑屋面板或檩条、吊顶龙骨的跨度，常见的有6m，有时也有7.5m、9m、12m。屋架的支座标高除满足工艺要求外，还要考虑建筑外形的要求。

平面屋架结构虽然有很好的平面内受力性能，但其平面外的刚度很小。为保证结构的整体性，必须要设置各类支撑。包括屋架之间的垂直支撑、水平系杆以及上、下弦平面内的横向支撑和下弦平面内的纵向水平支撑等。

1.2.2　拱结构

拱是一种十分古老而现代仍在大量应用的结构形式。它是主要受轴向力的结构，这对于混凝土、砖、石等价格低廉且抗压强度较高的材料是十分适宜的，它可充分利用材料抗压强度高的特点，避免抗拉强度低的缺点。拱结构最初大量应用于桥梁结构中，后来随着混凝土材料的出现，又逐渐广泛应用于大跨度房屋建筑中。我国古代拱式结构的杰出建筑有建于1300多年前的赵州桥，为石拱桥结构，跨度37m，经历多次地震考验，至今保存完好。此外，拱结构还广泛应用于东欧的哥特式建筑等。

1．拱结构的受力特点

拱结构比桁架结构具有更大的力学优点，因为桁架结构从整体上看相当于一个受弯构件，而拱结构的受力状态则发生了与梁根本不同的改变，梁以其与外荷载垂直的直杆来抗衡外荷载，并将力传给支座，而拱结构凭借其凸向外荷载的曲杆来抗衡外荷载。

拱结构主要承受轴向压力。按结构支承方式分类，拱可分为三铰拱、两铰拱和无铰拱3种，如图1-27所示。

拱结构的支座会产生水平推力，当跨度较大时，这个推力不小，要对付这个水平推力是一件麻烦而又耗费材料的事。鉴于这个缺点，在实际工程应用中，桁架结构比拱结构用得更普遍。

当拱轴线为某一曲线时，拱轴力就能直接与外荷载平衡，把力直接传给支座，而拱截面内无弯矩和剪力产生，可见拱的内力有赖于拱轴线的合理线形。因此，拱结构受力

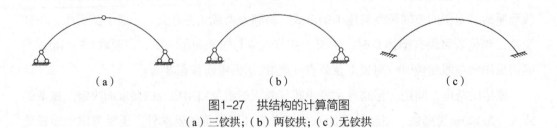

(a)　　　　　　　　　(b)　　　　　　　　　(c)

图1-27　拱结构的计算简图
（a）三铰拱；（b）两铰拱；（c）无铰拱

最理想的情况是使拱身内弯矩和剪力为零,使其仅承受轴力。在沿水平方向均布的竖向荷载作用下,简支梁的弯矩图为一抛物线,因此在竖向均布荷载作用下,合理拱轴线应为一抛物线。对于不同的支座约束条件或荷载形式,其合理拱轴线的形式也是不同的。例如对于受径向均布压力作用的无铰拱或三铰拱,其合理拱轴线为圆弧形,如图1-28所示。

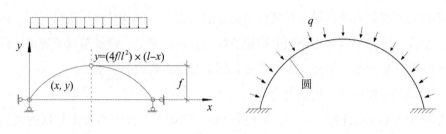

图1-28　合理拱轴线

拱截面上的弯矩小于相同条件的简支梁截面上的弯矩,拱截面上的剪力也小于相同条件下简支梁截面上的剪力。拱结构中以轴力为主,可以使用廉价的圬工材料,并可充分发挥这类材料的抗压承载力,这也是拱在工程中得到广泛应用的主要原因。当拱脚地基反力不能有效抵抗其水平推力时,拱便成为曲梁,如图1-29所示。这时拱截面内将产生与梁截面相同的弯矩。

拱脚水平推力的存在是拱与梁的根本区别,为了保证拱结构可靠地工作,必须采用有效的措施来实现该水平力的平衡。如果结

图1-29　曲梁结构

构处理的手法得当,可利用这一结构手段将建筑功能和艺术形象融合起来,通过对结构的袒露和艺术设计达到建筑造型优美的效果。工程中一般有以下几种平衡方式:(1)推力直接作用在基础上;(2)推力直接由拉杆承担;(3)推力通过刚性水平结构传递给总拉杆;(4)推力由竖向结构承担。

2. 拱结构的选型与布局

1)拱结构支撑方式

拱可分为无铰拱、两铰拱和三铰拱3种。三铰拱为静定结构,由于跨中存在着顶铰,使拱本身和屋盖结构构造复杂,因而目前较少采用。两铰拱和无铰拱均为超静定结构,两铰拱的优点是受力合理、用料经济、制作和安装比较简单,对温度变化和地基变

形的适应性也较好，目前较为常用。无铰拱受力最为合理，但对支座要求较高，当地基条件较差时，一般不宜采用。

2）拱的矢高

拱的矢高应根据建筑空间的使用、建筑造型、结构受力、屋面排水构造的要求和合理性来确定。

（1）矢高应满足建筑使用功能和建筑造型的要求

矢高决定了建筑物的体量、建筑物内部空间的大小，特别是对于散料仓库、体育馆等建筑，矢高应满足建筑使用功能上对建筑物的容积、净空、设备布置等要求。同时，矢高直接决定拱的外形。因此，矢高首先必须满足建筑造型的要求。

（2）矢高的确定应使结构受力合理

由前面对三铰拱结构受力特点的分析可知，拱脚水平推力的大小与拱的矢高成反比，当地基及基础难以平衡拱脚的水平推力时，可通过增加拱的矢高来减少拱脚水平推力，减轻地基负担，节省基础造价。但矢高大，拱身长度增大，拱身及其屋面覆盖材料的用量也将增加。

（3）矢高的确定应考虑屋面做法和排水方式

对于瓦屋面及构件自防水屋面，要求屋面坡度较大，则矢高较大。对于油毡屋面，为防止夏季高温时引起沥青流淌，坡度不能太大，相应的矢高较小。

3）拱轴线方程

从受力合理的角度出发，应选择合理的拱轴线方程，使拱身内只有轴力，没有弯矩。但合理拱轴线的形式不但与结构的支座约束条件有关，还与外荷载的形式有关。而在实际工程中，结构所承受的荷载是变化的，如风荷载可能有不同的方向，竖向活荷载可能有不同的作用位置，因此，要找出一条能适应各种荷载条件的合理拱轴线是不可能的，设计中只能根据主要的荷载组合，确定一个相对较为合理的拱轴线方程。使拱身主要承受轴力，减少弯矩。例如，对于大跨度公共建筑的屋盖结构，一般根据恒荷载来确定合理拱轴线方程，在实际工程中常采用抛物线，用圆弧线代替抛物线，因为这时两者的内力相差不大，而当圆拱结构分段制作时，因各段曲率一样，可方便施工。

4）拱身截面高度

拱身截面可采用等截面或变截面。变截面一般是改变截面的高度，而截面的宽度保持不变，拱身截面的变化应根据结构的约束条件与主要荷载作用下的弯矩图一起确定，弯矩大处截面高度较大，弯矩小处截面高度可较小。拱身的截面高度，可按表1-1取用。

拱身的截面高度 表1-1

类型	实体拱	格构式拱
钢拱	（1/80～1/50）l	（1/60～1/30）l
钢筋混凝土拱	（1/40～1/30）l	—

5）拱结构的布置

拱结构可以根据平面的需要交叉布置，构成圆形平面或其他正多边形平面，如图1-30所示。

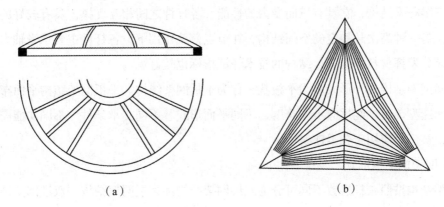

图1-30　交叉拱
（a）圆形平面；（b）正多边形平面

6）拱结构支撑系统

拱是曲线形受压或压弯构件，需要验算其受压稳定性。在拱轴线平面外的方向，可按轴心受压构件考虑。其稳定性可用屋面结构的支撑系统及檩条或大型屋面板体系来保证。在拱轴线平面内的方向，应按压弯共同作用（偏心受压）构件考虑，其稳定性可近似地按纵向弯曲压杆公式计算。

拱身的计算长度l_0，对于钢筋混凝土拱，有：

三铰拱：$l_0 = 0.58S$；

两铰拱：$l_0 = 0.54S$；

无铰拱：$l_0 = 0.36S$。

S为拱轴线的周长。对于钢拱，拱身整体长度l_0的取值，可参考有关的钢结构书籍。

因为拱为平面受压或压弯结构，故必须设置横向支撑并通过檩条或大型屋面板体系来保证拱在轴线平面外的受压稳定性。为了增强结构的纵向刚度，承受作用于山墙上的风荷载，还应设置纵向支撑与横向支撑形成整体，如图1-31所示。拱支撑系统的布置原则与单层刚架结构类似，此处不再赘述。

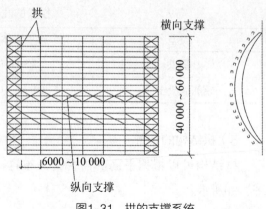

图1-31　拱的支撑系统

1.2.3　网架和网壳结构

1. 网架结构

空间网架是通过节点连接组成一种网状的三维杆系结构，它具有三向受力的性能，各杆件之间相互支撑，具有较好的空间整体性，是一种高次超静定的空间结构，在节点荷载作用下，各杆件主要承受轴力，因而能够充分发挥材料的强度，结构的技术经济指标也较好。

空间网架结构的外形大多为平板状，称为平板网架结构。平板网架结构平面布置灵活，空间造型美观，能适应不同跨度、不同平面形式、不同支承条件、不同功能需要的建筑物，被广泛应用于各类建筑中。

1）网架的结构形式

网架结构按照弦杆层数不同可分为双层网架结构和多层网架结构。双层网架结构是由上弦层、下弦层和腹杆层组成的空间结构，是最常用的一种网架结构。多层网架结构是由上弦层、中弦层、下弦层、上腹杆层和下腹杆层等组成的空间结构。

网架结构通常由基本网格单元按照一定的逻辑规则构型而成，根据网格单元和构型规则的不同，网架结构可以分为以下几种类型：

（1）平面桁架体系网架

平面桁架体系网架是由平面桁架交叉组成，这类网架上弦和下弦的杆件长度相等，而且其上弦、下弦和腹杆位于同一垂直平面内。一般可设计为斜腹杆受拉、竖杆受压，斜腹杆和弦杆夹角宜在40°～60°之间。采用平面桁架网格单元，可形成以下四种网架结构形式：两向正交正放网架（图1-32）、两向正交斜放网架（图1-33）、两向斜交斜放网架（图1-34）、三向网架（图1-35）。

（2）四角锥体系网架

四角锥体系网架是由许多四角锥按照一定规律组成，组成的基本单元为倒置四角锥，如图1-36所示。这类网架上、下平面均为方形网格，下弦节点均落在上弦组成的方形网格形心的投影线上，与上弦网格的四个节点用斜腹杆相连。若改变上、下弦错开的平移值，或相对地旋转上、下弦杆，并适当抽去一些弦杆和腹杆，即可以获得各种形

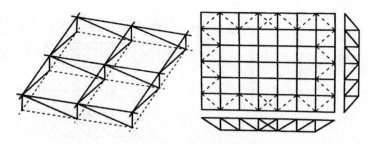

图1-32　两向正交正放网架

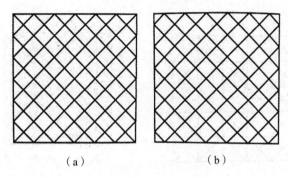

（a）　　　　　　　　　　（b）

图1-33　两向正交斜放网架
（a）有角柱；（b）无角柱

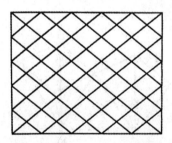

图1-34　两向斜交斜放网架

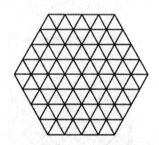

图1-35　三向网架

式的四角锥网架，主要包括以下六种网架结构形式：正放四角锥网架（图1-37）、正放抽空四角锥网架（图1-38）、单向折线形网架（图1-39）、斜放四角锥网架（图1-40）、棋盘形四角锥网架（图1-41）、星形四角锥网架（图1-42）。

（3）三角锥体系网架

该体系由倒置的三角锥（图1-43）组成。锥底三条边，即网架的上弦杆，组成正三角形，棱边为网架腹杆，锥顶用杆件相连，即为网架的下弦杆。三角锥体系是组成空间结构几何不变的最小单元。不同的三角锥体布置可以获得不同的三角锥网架，主要包括以下三种形式：三角锥网架（图1-44）、抽空三角锥网架（图1-45）和蜂窝形三角锥网架（图1-46）。

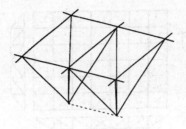 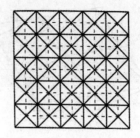

图1-36　四角锥体系基本单元　　　图1-37　正放四角锥网架

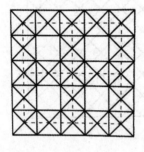 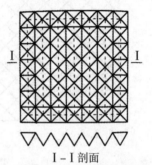

Ⅰ－Ⅰ剖面

图1-38　正放抽空四角锥网架　　　图1-39　单向折线形网架

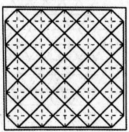

图1-40　斜放四角锥网架

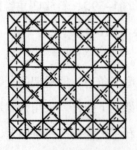 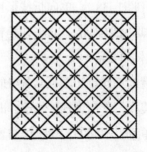

图1-41　棋盘形四角锥网架　　　图1-42　星形四角锥网架

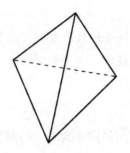

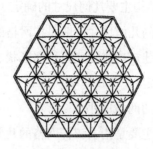

图1-43　三角锥体系基本单元　　　　图1-44　三角锥网架

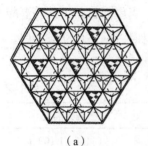

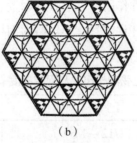

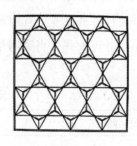

（a）　　　　　　　　　　（b）

图1-45　抽空三角锥网架　　　　　　　图1-46　蜂窝形三角锥网架
（a）第一种方式；（b）第二种方式

2）网架的结构选型

网架结构的类型较多，具体选择哪种类型时，要综合考虑许多因素。选型应坚持以下原则：安全可靠、技术先进、经济合理、美观适用。

平面形状为矩形的周边支承或三边支承一边开口的网架，当其边长比（即长边与短边之比）小于或等于1.5时，宜选用正放四角锥网架、斜放四角锥网架、棋盘形四角锥网架、正放抽空四角锥网架、两向正交斜放网架、两向正交正放网架；当其边长比大于1.5时，宜选用两向正交正放网架、正放四角锥网架或正放抽空四角锥网架。平面形状为矩形、多点支承的网架根据具体情况选用正放四角锥网架、正放抽空四角锥网架、两向正交正放网架。平面形状为圆形、正六边形等周边支承的网架，可根据具体情况选用三向网架、三角锥网架或抽空三角锥网架。对中小跨度，也可选用蜂窝形三角锥网架。

网架的网格高度与网格尺寸应根据跨度大小、荷载条件、柱网尺寸、支承情况、网格形式以及构造要求和建筑功能等因素确定，网架的高跨比可取1/18～1/10。网架的短向跨度的网格数不宜小于5。确定网格尺寸时宜使相邻杆件的夹角小于45°，且不宜小于30°。

3）网架结构主要几何尺寸的确定

网架结构的几何尺寸一般是指网格的尺寸、网架的高度及腹杆的布置等。网架的几何尺寸应根据建筑功能、建筑平面形状、网架的跨度、支承布置情况、屋面材料及屋面荷载等因素确定。

（1）网架的网格尺寸

网格尺寸主要是指上弦杆网格的几何尺寸。网格尺寸的确定与网架的跨度、柱距、屋面构造和杆件材料等有关，还跟网架的结构形式有关。一般情况下，上弦网格尺寸与网架短向跨度l_2之间的关系见表1-2。如条件允许，网格尺寸宜取大些，使节点总数减少些，并使杆件截面能更有效地发挥作用，以节省用钢量。当屋面材料为钢筋混凝土板时，网格尺寸可大些；当采用角钢杆件或只有小规格的钢材时，网格尺寸应小些。

网架上弦网格尺寸及网架高度 表1-2

短向跨度l_2（m）	上弦网架尺寸	网架高度
<30	$(1/12 \sim 1/6) l_2$	$(1/14 \sim 1/10) l_2$
30～60	$(1/16 \sim 1/10) l_2$	$(1/16 \sim 1/12) l_2$
>60	$(1/20 \sim 1/12) l_2$	$(1/20 \sim 1/14) l_2$

在实际设计中，往往不是先确定网格尺寸，而是先确定网格中两个方向的网格数，网格数确定后，网格尺寸自然也就确定了。

（2）网架的高度

网架的高度与网架各杆件的内力以及网架的刚度有很大关系，因而对网架的技术经济指标有很大影响。网架高度大，可以提高网架的刚度，减少上下弦杆的内力，但相应的腹杆长度增加，围护结构加高，网架的高度主要取决于网架的跨度。此外，还与荷载大小、点形式、平面形状、支承条件及起拱等因素有关，同时也要考虑建筑功能及建筑造型的要求。网架高度与网架短向跨度之比见表1-2，当屋面荷载较大或有悬挂吊车时，网架高度可取高一些，如采用螺栓球节点，则希望网架高一些，使弦杆内力相对小一些；当为点支承时，支承点外的悬挑产生的负弯矩可以平衡网架中一部分正弯矩，并使跨中挠度变小，其受力和变形与周边支承有关，有柱帽的点支承网架，其高度比可取得小一些。

（3）网架的弦杆的层数

当屋盖跨度在100m以上时，采用普通上下弦的两层网架难以满足要求，因为这时网架的高度较大，网格较大，在很大的内力作用下杆件必然会很粗，钢球直径很大。杆件长，对于受长细比控制的压杆，钢材的高强性能难以发挥作用。同时由于网架的整体刚度较弱、变形难以满足要求，特别是对于有悬挂吊车的工业厂房，会使吊车行走困难。这时宜采用多层网架。

多层网架结构的缺点是杆件和节点的数量增多，增加了施工安装的工作量，同时由于汇交于节点的杆件增多，如杆系布置不妥，往往会造成上下弦杆与腹杆的交角太小，钢球直径加大。但若对网架的局部单元抽空布置，加大中层弦杆间距，则增加的杆件和节点数量并不多，相反由于杆件单元变小、变轻，也给安装带来方便。

多层网架结构刚度好，内力均匀，内力峰值远小于双层网架，通常要下降25%～40%，适用于大跨度及复杂荷载的情况。多层网架网格小、杆件短，钢材的高强性能可以得到充分发挥。另外，由于杆件较细，钢球直径减小，故多层网架用钢量少。一般认为，当网架跨度大于50m时，三层网架的用钢量比两层网架小，且跨度越大，上述优点就越明显。因此，在大跨度网架结构中，多层网架得到了广泛的应用，如英国空间结构中心设计的波音747机库（平面尺寸218m×91.44m）、美国科罗拉多展览厅（平面尺寸205m×72m）、德国兰曼拜德机场机库（平面尺寸92.5m×85m）等。

2. 网壳结构形式

网壳结构可按层数和曲面外形进行分类。当按层数划分时，网壳结构包括有单层网壳和双层网壳两种，如图1-47所示；当按曲面外形划分时，主要可以分为以下几种形式：球面网壳、双曲扁网壳、柱面网壳、圆锥面网壳、扭曲面网壳、单块扭网壳、双曲抛物面网壳、切割或组合形网壳。工程上应用较多的主要有柱面网壳结构和球面网壳结构。

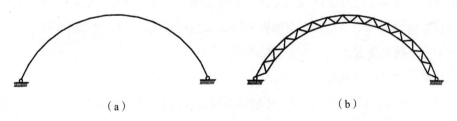

（a）　　　　　　　　　　　　　（b）

图1-47　单层和双层网壳
（a）单层；（b）双层

1）柱面网壳结构

柱面网壳（图1-48）是国内目前常见的形式之一，广泛用于工业和民用建筑中。它可以分为单层和双层两类。

单层柱面网壳按柱面上的网格划分形式有单

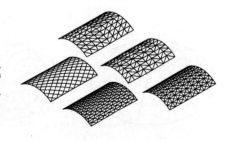

图1-48　单层柱面网壳

斜杆柱面网壳、弗普尔型柱面网壳、双斜杆型柱面网壳、联方网格型柱面网壳和三向网格型柱面网壳等。单层柱面网壳，有时为了提高整体稳定性和刚度，部分区段可设横向肋（变为双层网壳）。

单斜杆型与双斜杆型相比，前者杆件数量少，杆件连接易处理，但刚度差一些，适用于小跨度、小荷载轻型屋面。联方网格杆件数量最少，杆件长度统一，每个节点上仅有4根杆件，节点构造相对简单，但是刚度较差。同时，联方网格并非平面，屋面板制作和安装较困难。三向网格型刚度最好，杆件种类也较少，是一种较经济合理的形式。

双层柱面网壳形式很多，主要由四角锥体系构成。四角锥体系在网架结构中共有六种，这几种类型是否都可以应用于双层网壳中，应从受力合理性角度分析。网架结构的受力往往比较明确，对周边支承网架，上弦杆总是受压，下弦杆总是受拉，而双层网壳的上层杆和下层杆都可能会出现受压的情况。因此，对于上弦杆短、下弦杆长的这种类型网架形式，在双层柱面网壳中，并不一定适用。

2）球面网壳结构

（1）单层球面网壳结构

球面网壳又称穹顶，是目前比较常见的形式之一，可以分为单层和双层两大类。现按照球面上网格划分方法分述其类型。

单层球面网壳的形式，按网格划分方式主要如下：

①肋环型球面网壳

肋环型球面网壳是由径肋和环杆组成，如图1-49所示。径肋汇交于球顶，该处节点构造复杂，如环杆能与檩条共同工作，可降低网壳整体用钢量。肋环型球面网壳的大部分网格呈梯形。每个节点只汇交四根杆件，节点构造简单，但整体刚度较差，一般只适用于中、小跨度屋盖。

②施威德勒型球面网壳

如图1-50所示，这种网壳是在肋环型球面网壳基础上加斜杆而形成的，它大大提高了网壳的刚度，提高了承受非对称荷载的能力。根据斜杆布置方式不同有：单斜杆、交叉斜杆和无环杆等。除无环杆型外，其余网壳网格均为三角形，刚度好，适用于中、小跨度。

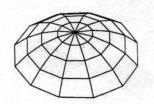

图1-49 肋环型球面网壳

图1-50 施威德勒型球面网壳

③联方型球面网壳

这种网壳由人字斜杆组成菱形网格，两斜杆夹角在30°~50°之间，如图1-51所示，造型比较美观。为了增强网壳的刚度和稳定性，可在环向加设杆件，使网格成为三角形。它适用于中小跨度。

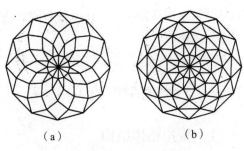

图1-51 联方型球面网壳
（a）无环向杆；（b）有环向杆

④三向网格型球面网壳

这种网壳的网格是通过在球面上用三个方向的大圆构成尽可能均匀的三角形格子，通常也称为格子穹顶，网格在水平面上投影为正三角形，如图1-52所示，它主要适用于中、小跨度。

⑤扇形三向网格型球面网壳

这种网壳是由n根径肋把球面分为n个对称的扇形曲面。每个扇形面内，再由环杆和斜杆组成大小较均匀的三向网格，如图1-53所示。这种网壳受力分布均匀，适用于大、中跨度。

（2）双层球面网壳

大部分单层球面网壳均可做成双层，依次分类为交叉桁架体系、角锥体系（包括肋环型四角锥、联方型四角锥、联方型三角锥和平板组合式球面网壳）和双层短程线网壳。肋环型四角锥双层球面网壳如图1-54所示。双层球面网壳整体刚度较大，受力性

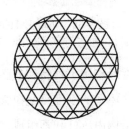

图1-52 三向网格型球面网壳

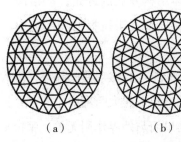

图1-53 扇形三向网格型球面网壳
（a）n=6；（b）n=7；（c）n=8

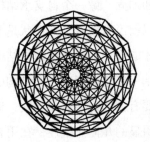

图1-54 肋环型四角锥双层球面网壳

能与网架结构较为类似。在进行有限元建模时，可采用杆单元建立双层球面网壳模型，节点为铰接点。

1.2.4　张拉结构

1. 张拉整体结构

张拉整体结构（Tensegrity System）的概念最早是由美国著名建筑师富勒（Fuller）在20世纪40年代提出的。Tensegrity一词是由Tensile（张拉）和Integrity（整体）两词缩写合并而成，是由Fuller创造的。所谓张拉整体体系就是一组不连续的压杆与一组连续的受拉单元组成的自支、自应力的空间平衡体系。这种结构体系的刚度由受拉索和受压单元之间的平衡预应力提供，在施加预应力之前，结构几乎没有刚度，并且初始预应力的值对结构的外形和结构刚度的大小起着决定作用。

对张拉整体结构的系统性认识和研究工作开始于Fuller基于宇宙自然规律的学说，他认为，宇宙的运动是按照张拉整体的原理运行的，万有引力是一张平衡的张力网，而各个星球是这个网中互相独立的受压体。利用张拉整体的概念，斯耐尔森构造了一个针塔雕塑（图1-55）。斯耐尔森的雕塑代表了现代张拉整体结构发展的开始，从结构意义上实现了富勒的"压杆的孤岛存在于拉杆的海洋之中"的设想。

图1-55　斯耐尔森的针塔雕塑（Needle Tower）

由于张拉整体体系固有的符合自然规律的特点，最大限度地利用了材料和截面的特性，因而可以用尽量少的钢材建造超大跨度的空间。张拉整体体系的刚度是受拉索与受压单元之间自应力平衡的结果而与外界作用无关。张拉整体结构由压杆和索组成，其组合方式使压杆在连续的索中处于孤立状态，所有压杆都必须严格地分开，同时靠索的预应力连接起来，结构整体不需要外部的支承和加固，像一个自支承结构一样稳定。

柔性的张拉整体结构在没有施加预应力以前没有刚度，其形状是不确定的。必须通过施加适当预应力使结构具有一定的形状，才能成为承受外荷载的结构。所以张拉整体结构的力学分析应包括以下两个过程：①初始平衡态的确定；②结构的静、动力分析。对于初始平衡态的确定有多种方法，其中主要有：非线性有限元法、动力松弛法、力密度法等。张拉整体体系在荷载作用下表现出明显的几何非线性，在用有限元法求解结构反应时，刚度矩阵由弹性刚度矩阵和几何刚度矩阵两部分组成，其中几何刚度矩阵随结构变形和单元内力的变化而显著变化，因而经常用增量型的牛顿方法来逐步消除不平衡节点力直至满足精度要求为止。按照位移法的大变形原理，莫特罗对一个三棱柱单元进行了静力分析。汉纳对三棱柱组成的多种平板型张拉整体网架进行了力学分析，还分析了双层张拉整体穹顶网壳的力学性能。此外，汉纳还建立了张拉整体的柔度法分析模型。

2. 索穹顶结构

索穹顶结构是近年来最为脍炙人口的新型的张拉体系。在张拉整体结构的基础上，美国工程师盖格提出了一种支承在刚性周边构件上的预应力索-续拉、间断压杆体系，并以膜面作为维护结构，将Fuller的"少费多用""连续拉、间断压"的结构思想发挥到了极致。

典型的索穹顶结构如图1-56所示，它包括径向脊索、径向谷索、斜腹索、环向索、压杆和外环圈梁。荷载从中央的张力环通过一系列辐射状的径向索、张力环和中间斜索传递至周边的压力环。索穹顶是一种结构效率极高的全张力体系，由于整个索穹顶结构除少数几根压杆外都处于张力状态，所以既充分发挥了钢索的强度，又能避免柔性结构有可能发生的结构松弛，因此索穹顶结构绝无弹性失稳之虑，这种结构一经问世便得到了工程师们的重视。

1988年，盖格成功地将自己的设计应用于韩国汉城奥运会体操馆的建设，其中之一是直径120m的体操馆（图1-57），另一个工程是直径为90m的击剑馆。韩国体操馆是世界上第一个采用张拉整体概念的大型工程。盖格体系索穹顶的结构较为简单，施工难度低，并且对施工误差不敏感，同时由于设置了谷索，在风吸力作用下谷索将为整个结构提供刚度以抵抗升力作用。但由于它的几何形状类似于平面桁架，所以结构的平面内刚度较小。同时由于该体系结构内部存在着机构，当荷载达到一定程度时，某些机构位移将会丧失预应力对其产生的约束，从而出现整个结构的分支点失稳的情况。所以盖格体系索穹顶较适于中等跨度，均布荷载作用下的圆形平面穹顶结构形式。

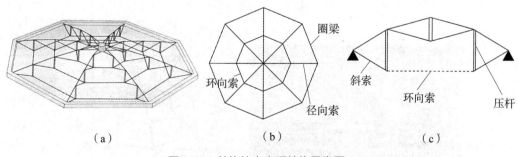

图1-56 盖格的索穹顶结构示意图
（a）透视图；（b）平面图；（c）剖面图

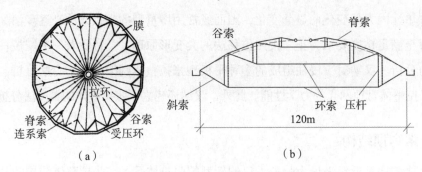

图1-57 韩国汉城奥运会体操馆
（a）屋顶结构布置图；（b）屋顶结构剖面图

美国的Levy进一步发展了这种体系，将脊索从辐射状布置改为联方形网格的形式，斜索和压杆的布置也作相应的调整；屋面膜单元变为菱形的双曲抛物面形状，这种负高斯曲率的曲面可自然地绷紧成型。Levy穹顶的整体空间作用比盖格穹顶明显加强，因而在不对称荷载或局部荷载作用下其刚度有较大提高。美国1996年亚特兰大奥

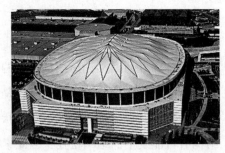

图1-58 1996年亚特兰大奥运会体育馆

运会体育馆（图1-58）采用了这种体系，平面呈准椭圆形，轮廓尺寸为241m×192m。该结构的两大特色：一是把经纬分格改为三角形划分；二是针对椭圆形的平面，在穹顶结构的中央设置了一个张拉整体桁架以连接两个端头半圆。三角形分割的索穹顶，在几何上，不仅更接近富勒的原始张拉整体模型，而且可适用于多种平面形式。在结构受力上，不仅结构赘余度更多，结构稳定性更好，同时有效提高了结构抵抗非均布荷载作用的能力，而且能更好地解决屋面自由排水问题。

索穹顶结构的技术难点在于预应力张拉与成型过程。无锡科技交流中心采用了直径24m的索穹顶（图1-59），采用地面组装，整体提升，分次逐级张拉的施工方法于2009年底完成了结构施工。

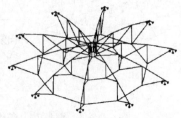

图1-59 无锡科技交流中心索穹顶

3．张弦结构

张弦结构体系中最早出现的是张弦梁（Beam String Structure）。当跨度较小时，可采用直梁，跨度较大时则采用拱、桁架等形式。张弦结构体系是目前大跨度结构形式中一种可行的方案，也是近年来发展最快，应用最广泛的结构体系，在日本和德国等国家，张弦梁（桁架）结构都有应用。但在国内外大量应用并将其跨度做到100m以上还是近些年来的新动向。

张弦结构是一种由刚性构件上弦、柔性拉索下弦，中间连以撑杆组成的具有自平衡特性的结构体系。上弦由梁、拱、桁架或立体桁架构成的张弦结构属于单向受力，一般平行布置，辅以支撑系统保证结构平面外的稳定。张弦结构可充分利用高强索的强抗拉性改善整体结构受力性能，使压弯构件和抗拉构件取长补短，协同工作，达到自平衡，充分发挥了每种构件材料的作用，是大跨度空间结构中典型的刚柔结合的混合结构体系。

张弦结构体系可以根据建筑平面及结构受力的需要采用单向、多向或空间布置等多种结构形式。由于其体系简单，受力明确，结构形式多样，充分发挥了刚柔两种材料的优势，并且制造、运输、施工简捷方便，因此具有很好的应用前景。

我国较早就开展了对张弦结构体系的研究，1957年第一个张弦桁架模型试验在哈尔滨工业大学进行，跨度12m。1958年在山西大同煤矿四老沟矿建成了全国第一个张弦桁架输煤栈桥，跨度25m，采用预应力钢筋，比原设计的钢结构节省钢材达51%，以后陆续有了一些应用。1990年上海浦东国际机场航站楼的钢屋架率先将这种结构形式应用于大空间屋盖，从而推动了张弦结构的应用。

上海浦东国际机场航站楼共有四种跨度的张弦梁，覆盖进站厅、办票厅、商场和登机廊四个大空间，分别简称为R1、R2、R3和R4，其支点水平投影跨度依次为49.3m、82.6m、44.4m和54.3m，航站楼剖面如图1-60所示。弦梁的上弦拱由三根平行的箱形钢管通过短管相连而成，下弦索采用高强度钢索，撑杆采用圆钢管。撑杆上端与上弦拱的连接构造在平面内为完全铰，平面外由两块钢板相挟以限制其转动。撑杆下端嵌有一高强穿心钢球，由该球扣紧下弦索。

近年来数个百米以上跨度的工程均采用了张弦立体桁架，如2002年建成的哈尔滨国际会展体育中心主馆屋盖，跨度128m；2007年建成的上海世博会主题馆西展厅屋盖，跨度144m（图1-61），采用正放三角形立体架和双V字形支撑；2009年建成的东营黄河口模型厅屋盖，最大跨度148m，特点是上弦立体架包括穿索张拉端节点都采用了焊接球节点（图1-62）。

双方向布置张弦体系克服了单向结构平面外刚度小的弱点，形成空间工作，一般采

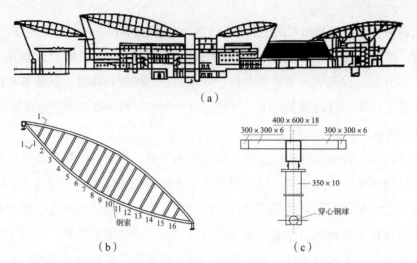

（a）

（b）　　　　　　　　　　　（c）

图1-60　浦东机场航站楼屋架构件布置及截面
（a）上海浦东机场航站楼剖面；（b）R2屋架；（c）1-1剖面图

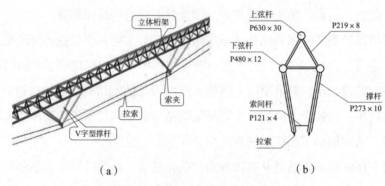

（a）　　　　　　　　　　　（b）

图1-61　上海世博会主题馆西展厅屋盖
（a）张弦桁架构成梁；（b）索杆体系构成

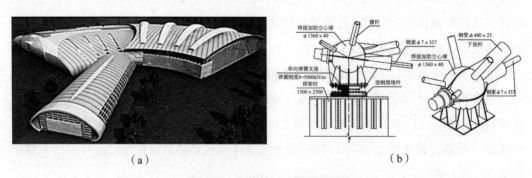

（a）　　　　　　　　　　　（b）

图1-62　东营黄河口模型厅屋盖
（a）效果图；（b）支座构造

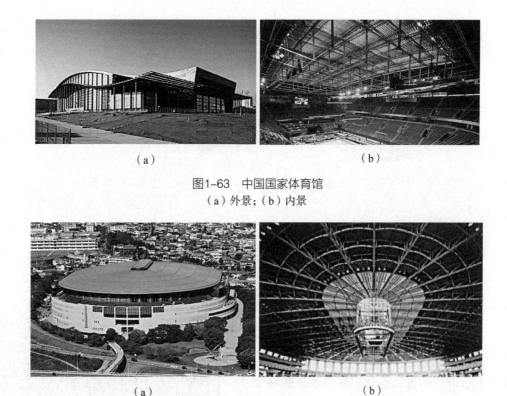

（a）　　　　　　　　　　　　（b）

图1-63　中国国家体育馆
（a）外景；（b）内景

（a）　　　　　　　　　　　　（b）

图1-64　日本Green Dome Maebashi多功能体育馆
（a）外景；（b）内景

用正交布置。2007年建成的中国国家体育馆采用了114m×144.5m的双向张弦结构，横向14榀，纵向8榀，成为目前世界上跨度最大的双向张弦结构（图1-63）。图1-64（a）所示为采用张弦梁（桁架）体系建造的日本Green Dome Maebashi多功能体育馆，体育馆为椭圆形，平面尺寸122m×167m，屋顶高42m，体育馆的结构体系如图1-64（b）所示。整个屋面由34个张弦桁架支撑，在椭圆形长轴的中部张弦桁架呈平行状布置，在端部张弦桁架呈辐射状布置，所有张弦桁架在周边支撑于钢筋混凝土框架上，而在中间部位则与特定的刚性环梁连接。

1993年，日本川口卫教授（M. Kawaguchi）结合索穹顶和张弦结构的思想，提出了一种新型空间张弦结构体系。其基本思想是将索穹顶的柔性上弦用刚性的单层网壳替代，形成了一种索承网壳结构体系，也称张弦网壳、弦支穹顶等。其结构原理如图1-65所示，一个典型的索承网壳剖面图如图1-66所示。该结构体系由单层网壳、撑杆及预应力拉索组成，撑杆上端与网壳节点铰接，下端通过径向拉索和环向箍索连成整体。通过对下部的柔性拉索施加预应力，可使单层网壳产生与正常使用荷载作用下反向的位移和内力，有效提高整体结构的刚度和稳定性，改善结构的受力性能。

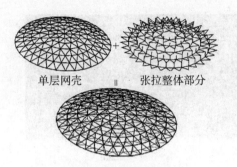

单层网壳 + 张拉整体部分 = （图示）

图1-65 索承网壳的结构原理

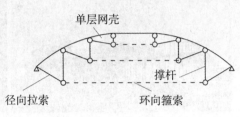

单层网壳

撑杆

径向拉索 环向箍索

图1-66 索承网壳剖面图

4. 悬索结构

悬索结构是最古老的结构形式之一，它最早应用于桥梁工程中。近代的悬索桥如图1-67所示为1937年建成的美国加利福尼亚州金门大桥，主跨达1280m，而大跨度悬索结构在建筑工程中的广泛应用，则只有几十年的历史。由于悬索结构的承重立索受拉能力强，能够充分发挥其强度优势，并跨越很大的跨度，故主要用于大跨度的体育馆、展览馆、会议厅等大型

图1-67 美国加利福尼亚州金门大桥

公共建筑中，悬索结构其跨越距离在各种大跨度结构体系中为最大。

悬索结构由受拉索、边缘构件和下部支承构件所组成，如图1-68所示。拉索按一定的规律布置可形成各种不同的体系，边缘构件和下部支承构件的布置则必须与拉索的形式相协调，有效地承受或传递拉索的拉力。拉索一般采用由高强钢丝组成的钢绞线、钢丝绳或钢丝束，边缘构件和下部支承构件则常常为钢筋混凝土结构。

悬索结构具有以下特点：（1）可以充分地利用钢材的强度；（2）便于建筑造型，容易适应各种建筑平面；（3）施工比较方便；（4）可以创造具有良好物理性能的建筑空间；

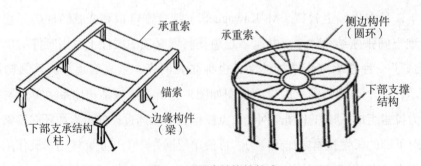

承重索

锚索

边缘构件（梁）

下部支承结构（柱）

承重索

侧边构件（圆环）

下部支撑结构

图1-68 悬索结构的组成

（5）稳定性较差；（6）悬索结构的边缘构件和下部支撑必须具有一定的刚度和合理的形式，以承受索端巨大的水平拉力。

悬索结构是拱结构的反向体系，都属于轴心受力构件。拱属于轴心受压构件，而悬索则是轴心受拉构件，对于抗拉性能好的钢材来讲，悬索是一种理想的结构形式，并且材料受拉时基本没有失稳的问题。在竖向荷载作用下，索支座受到水平拉力的作用，该水平拉力的大小与索的下垂度成反比，下垂度越小，水平拉力越大，因此找出合理的垂度，处理好拉索水平力的传递和平衡是结构设计中要解决的重要问题，在结构布置中应给予足够的重视。

1.2.5 其他形式

1. 充气膜结构

充气膜结构利用膜面内外气体（空气）的压力差使其具有能承受自重和外荷载的稳定的空间曲面，可分为气承式和气胀式膜结构两种。气承式膜结构以室内外的空气压力差支撑膜材，多为单层膜结构；气胀式膜结构以特定形式的气囊内外的压力差使气囊成为具备必要的刚度的构件和结构。

充气膜结构是现代膜结构发展早期较多采用的膜结构形式。1970年大阪世博会的美国馆（图1-69）采用气承式膜结构，其准椭圆平面的轴线尺寸为140m×83.5m，是第一个现代意义的大跨度膜结构。该次博览会上另一个具有代表性的建筑是日本的富士馆（图1-70）。该馆平面为圆形，直径50m，由16根直径4m，长78m的拱形气囊组成，是迄今为止建成的最大的气胀式膜结构。直至20世纪80年代中期，美国也建造了一批尺度在138～235m之间的体育馆，均采用了充气式膜结构，取得了极佳的艺术经济效果。

图1-69 大阪世博会美国馆（气承式膜结构）　　图1-70 大阪世博会富士馆（气胀式膜结构）

但是20世纪80年代中后期以来，充气式膜结构逐渐暴露出一些问题，主要是出于意外漏气或气压控制系统不稳定而使屋面下瘪，或由于暴风雪在屋面形成局部积雪，而热空气融雪系统又效能不足导致屋面下瘪事故，所以人们把更多的注意力转移到张拉膜结构。

在荷载作用下，膜结构会产生很大的变形，过大的变形便会造成薄膜的撕裂，这对充气膜结构来说有时是灾难性的。如雪荷载会造成膜结构的下沉，下沉的袋状屋面反过来又加剧冰雪的聚积，因此，必须采取措施控制雨雪在屋盖上聚积。一般可通过不断改变充气压力来清除积雪，并保持较高的充气压力来维持膜结构的形状，有时也需要设置专门的装置对双层膜之间的空气进行加热，或直接对薄膜进行加热来融化积雪。

2. 张拉膜结构

张拉膜结构是利用柔性钢索配以支承受力结构使膜面张拉形成稳定的空间曲面的膜结构形式。通常，张拉膜结构由索体和膜面共同受力，又称索–膜结构。当结构跨度较大时，可由若干张拉索膜单元组合而成。为保证膜面的稳定性，张拉膜结构通常采用负高斯曲面造型。

1981年的沙特阿拉伯哈吉国际航空港（图1-71），由2组各5排共210个伞形张拉膜单元组成，单元平面尺寸45m×45m，覆盖总面积达4888m²。

1993年美国Denver国际机场候机大厅（图1-72）采用完全封闭的张拉式膜结构，平面尺寸为305m×67m，由17个连成一排的双支柱帐篷式单元组成，每个长条形的单元由相距475.7m的两根支柱撑起。同时在每个单元内和单元邻接处设置必要的边索、脊索和谷索，膜面在这些索的作用和约束下建立预应力，并确定形状。

图1-71　沙特阿拉伯哈吉国际航空港　　　　图1-72　美国Denver国际机场候机大厅

3. 骨架式膜结构

骨架式膜结构是利用结构或空间网格结构等来支承膜面的膜结构形式，与前两种膜结构形式不同，膜结构本身主要起到维护结构的功能，而并非主要受力构件。例如日本秋田县的天空穹顶（图1-73）是一个切去两边的球面穹顶（$D = 130$m），其主要承重结构是一系列平行的格构式钢拱架，蒙以膜材后，用设在两拱中间的钢索向下拉紧，并在屋面上形成V形排水沟槽。膜面主要起到覆盖作用，仅在刚性骨架之间的局部范围内发挥张拉膜结构的功能。

图1-73　日本秋田县天空穹顶（骨架式膜结构）

4. 可展膜结构

另外，将膜结构和折叠结构、可展结构等结合起来，完成了诸多很有建筑感染力的工程作品。同时，膜结构的广泛应用与发展，也造就了许多集建筑与结构于一体的张拉结构设计大师，例如美国的Geiger，德国的Frei. Otto等。图1-74所示为2006年德国世界杯体育场之一的法兰克福新森林球场，采用辐射式的双层索网作为屋盖中心区域的承重体系以及膜结构展开的滑道，是迄今为止最大规模的可展膜结构。

图1-74　法兰克福新森林球场（可展膜结构）

1.3 截面、连接形式及选择

1.3.1 截面初选原则

1. 轴力构件的强度及截面选择

轴向受力构件广泛地用于主要承重钢结构，如平面桁架、空间桁架和网架等。轴压构件还常用于工业建筑的平台和其他结构的支柱。各种支撑系统也常常由许多轴向受力构件组成。

轴向受力构件的截面形式有如图1-75所示的四类。第一类是热轧型钢截面，如图1-75（a）中圆钢、圆管、方管、角钢、工字钢、T型钢和槽钢等；第二类是冷弯薄壁型钢截面，如图1-75（b）中的带卷边或不带卷边的角形、槽形截面和方管等；第三类和第四类是用型钢和钢板连接而成的组合截面，图1-75（c）所示都是实腹式组合截面，图1-75（d）则是格构式组合截面。

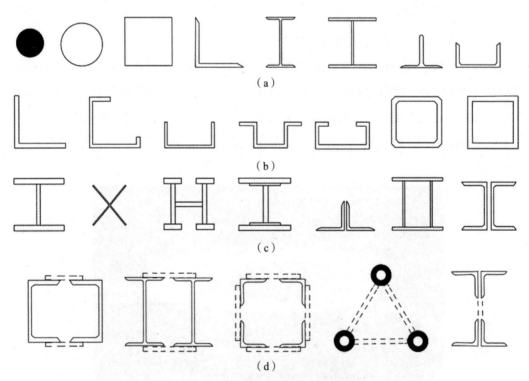

图1-75 轴向受力构件的截面形式
（a）热轧型钢截面；（b）冷弯薄壁型钢截面；
（c）实腹式组合截面；（d）格构式组合截面

对轴向受力构件截面形式的共同要求是：（1）能提供承载力所需要的截面积；（2）制作比较简便；（3）便于和相邻的构件连接；（4）截面开展而壁厚较薄，以满足刚度要求。

对于轴向受压构件（以下简称压杆），截面开展更具有重要意义，因为这类构件的截面积往往取决于稳定承载力，整体刚度大则构件的稳定性好，用料比较经济。对构件截面的两个主轴都应如此要求。根据以上情况，压杆除经常采用双角钢和宽翼缘工字钢截面外，有时需采用实腹式或格构式组合截面。格构式截面容易使压杆实现两主轴方向的等稳定性，同时刚度大，抗扭性能好，用料较省。轮廓尺寸宽大的四肢或三肢格构式组合截面适用于轴压力不甚大、但比较长的构件以便满足刚度、稳定要求。在轻型钢结构中采用冷弯薄壁型钢截面比较有利。

2．受弯构件截面

1）钢筋混凝土梁

钢筋混凝土梁按其截面形式，可分为矩形梁、T形梁、工字形梁、槽形梁和箱形梁。按其施工方法，可分为现浇梁、预制梁和预制现浇叠合梁。按其配筋类型，可分为钢筋混凝土梁和预应力混凝土梁。按其结构简图，可分为简支梁、连续梁、悬臂梁、主梁和次梁等。

常见的钢筋混凝土梁从加载到破坏的全过程，可分为三个工作阶段，即在梁的荷载–挠度图上表现为三个阶段。各阶段工作特征如下：

（1）阶段 I。梁所受荷载较小，混凝土未开裂，梁的工作情况与匀质弹性梁相似，混凝土纤维变形的变化规律符合平截面假定，应力与应变成正比。但在此阶段的末尾，受拉区混凝土进入塑性状态，应力图形呈曲线形状，边缘纤维应力达到抗拉强度 f_{ct}，混凝土出现开裂。

（2）阶段 II。当混凝土开裂后，拉力主要由钢筋承担，但钢筋处于弹性阶段，受拉区尚未开裂的混凝土只承受很小的拉力，受压区混凝土开始出现非弹性变形。

（3）阶段 III。随着荷载的继续增加，受拉钢筋终于达到屈服，裂缝宽度随之扩展并沿梁高向上延伸，中和轴不断上移，受压区高度进一步减小，最后受压区混凝土达到极限抗压强度而破坏。

2）钢梁

钢梁按制作方法的不同可以分为型钢梁和组合梁两大类，如图1–76所示。型钢梁又可分为热轧型钢梁和冷弯薄壁型钢梁两种。热轧型钢梁常用普通工字钢、槽钢或H型钢做成（图1–76a、b、c），应用最为广泛，成本也较为低廉。对受荷较小，跨度不大的梁用带有卷边的冷弯薄壁槽钢（图1–76d、f）或Z型钢（图1–76e）制作，可以有效地节省钢材。受荷很小的梁，有时也可采用单角钢制作。由于型钢梁具有加工方便和成本较低的优点，在结构设计中应该优先采用。

当荷载和跨度较大时，型钢梁受到尺寸和规格的限制，常不能满足承载能力或刚度的要求，此时可考虑采用组合梁。组合梁按其连接方法和使用材料的不同，可以分为焊接组合梁（简称焊接梁）、铆接组合梁、钢与混凝土组合梁（图1-76）等。将工字钢或H型钢的腹板如图1-77（a）所示沿折线切开，焊成如图1-77（b）所示的空腹梁，常称之为蜂窝梁，是一种较为经济合理的构件形式。图1-78所示预应力梁将工字形或H型钢的腹板斜向切开，颠倒相焊制作成楔形梁以适应弯矩的变化。

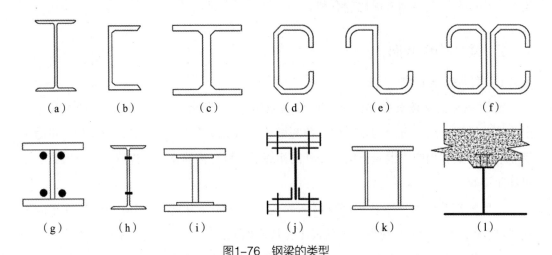

图1-76　钢梁的类型

（a）普通工字钢；（b）槽钢；（c）H型钢；（d）卷边槽钢（Ⅰ）；（e）Z型钢；（f）卷边槽钢（Ⅱ）；
（g）加固H型钢；（h）加固工字钢；（i）双层H型钢；（j）螺栓组合梁；（k）箱形梁；（l）钢与混凝土组合梁

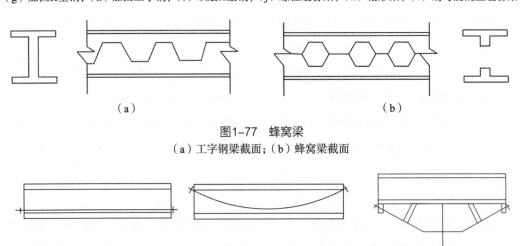

图1-77　蜂窝梁

（a）工字钢梁截面；（b）蜂窝梁截面

图1-78　预应力梁

（a）预应力筋布设；（b）预应力筋张拉；（c）预应力支架

为了节约钢材，可以把预应力技术用于钢梁。它的基本原理是在梁的受拉侧设置具有较高预拉力的高强度钢筋或钢索，使梁在受荷前受反向的弯曲作用，从而提高钢梁在外荷载作用下的承载能力（图1-78）。但预应力钢梁的制作，施工过程较为复杂。

1.3.2 矩形截面

对于等截面梁，最大弯曲正应力发生一般出现在最大弯矩截面上边缘或者下边缘，即$y = y_{max}$，见式（1-1）：

$$\sigma_{max} = \frac{M_{max} \cdot y_{max}}{I_z} = \frac{M_{max}}{I_z / y_{max}} = \frac{M_{max}}{W_z} \qquad （1-1）$$

式中，$W_z = I_z / y_{max}$ 称为抗弯截面系数，它与截面形状和尺寸有关。

对高度为h、宽度为b的矩形截面（图1-79），抗弯截面系数见式（1-2）：

$$W_z = \frac{I_z}{y_{max}} = \frac{bh^3 / 12}{h / 2} = \frac{bh^2}{6} \qquad （1-2）$$

弯曲时正应力的强度条件见式（1-3）：

$$\sigma_{max} = \frac{M_{max}}{W_z} \leqslant [\sigma] \qquad （1-3）$$

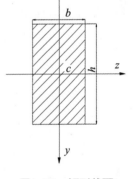

利用式（1-3）可以计算弯曲强度的三类问题：校核强度、设计截面、计算许可载荷。

图1-79 矩形截面

对于矩形截面梁，截面上距离中性轴y处各点，切应力沿y方向的分量相等。由切应力互等定理，得截面左右边缘上各点的切应力均平行于侧边，即平行于y轴；而上下边缘上各点的切应力均为零。切应力计算见式（1-4）。

$$\tau = \frac{F_s}{2I_z} \left(\frac{h^2}{4} - y^2 \right) \qquad （1-4）$$

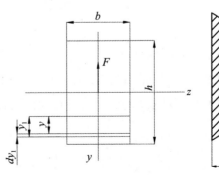

由上可得，矩形截面梁横截面上的切应力沿截面高度呈抛物线规律变化（图1-80）。在上下边缘处：$y = \pm \frac{h}{2}$，$\tau = 0$，

图1-80 梁截面切应力

在中性轴上：$y = 0$，$\tau = \tau_{\max} = \dfrac{F_s h^2}{8I_z}$，将惯性矩 $I_z = \dfrac{bh^3}{12}$ 代入上式，得 $\tau_{\max} = \dfrac{3F_s}{2bh}$，可见矩形截面梁的最大切应力为平均剪切应力的1.5倍。

　　在弯曲问题中，梁既要满足正应力强度条件，还要满足切应力强度条件。在通常情况下，梁的强度问题中主要考虑的是正应力强度条件。只有在下述情形中，要对梁的弯曲切应力强度进行校核。

　　（1）短梁或靠近支座附近作用有较大的载荷时，梁的弯矩较小但剪力较大。

　　（2）在焊接或铆接的组合截面（工字型）钢梁中，如果腹板厚度与梁高之比小于型钢的相应比值，需要对腹板进行切应力校核。

　　（3）木梁在横向弯曲时，由于顺纹方向的抗剪能力较差，通常需要对中性层上的切应力进行校核。

1.3.3　薄壁截面

1．圆截面的极惯性矩

　　圆截面包括图1-81所示实心、空心以及薄壁截面。

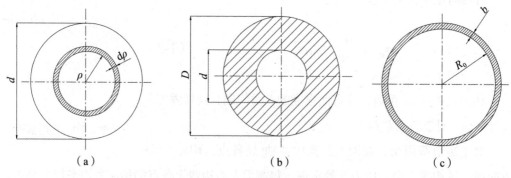

图1-81　圆截面形式
（a）实心圆；（b）空心圆；（c）薄壁截面

1）实心圆截面

　　对于直径为 d 的圆截面，取宽度为 $\mathrm{d}\rho$ 的环形区域作为微面积，如图1-81（a）所示，即取 $\mathrm{d}A = 2\pi\rho\mathrm{d}\rho$，由式（1-5）可知，圆截面的极惯性矩为：

$$I_p = \int_0^{\frac{d}{2}} \rho^2 \times 2\pi\rho\mathrm{d}\rho = \frac{\pi d^4}{32} \tag{1-5}$$

2）空心圆截面

对于内径为d、外径为D的空心圆截面，如图1-81（b）所示，按照上述计算方法，只需改动积分上、下限，见式（1-6），其极惯性矩为：

$$I_p = \int_{\frac{d}{2}}^{\frac{D}{2}} \rho^2 \times 2\pi\rho d\rho = \frac{\pi}{32}\left(D^4 - d^4\right) = \frac{\pi d^4}{32}(\alpha^4 - 1) \qquad (1-6)$$

式中，$\alpha = \dfrac{D}{d}$，表示内、外径的比值。

3）薄壁圆环截面

对于薄壁圆环截面，因为其内径与外径的差值很小，可以用平均半径代替ρ，见式（1-7），如图1-81（c）所示。因此，薄壁圆环截面的极惯性矩为：

$$I_p = \int_A \rho^2 dA \approx R_0^2 \int_A dA = 2\pi R_0^3 \delta \qquad (1-7)$$

2. 圆形截面、圆环截面以及薄壁圆环截面惯性矩

圆形截面、圆环截面以及薄壁圆环y轴和z轴都重合于圆的直径，由于对称的原因，必然有：

$$I_y = I_z = \frac{I_p}{2}$$

3. 弯曲正应力的强度条件及其应用

对于等截面梁，最大正应力发生在最大弯矩截面上、下边缘处，即$y = y_{max}$处，见式（1-8）：

$$\sigma_{max} = \frac{M_{max} \cdot y_{max}}{I_z} = \frac{M_{max}}{I_z / y_{max}} = \frac{M_{max}}{W_z} \qquad (1-8)$$

式中，$W_z = I_z / y_{max}$称为抗弯截面系数，它与截面形状和尺寸有关。

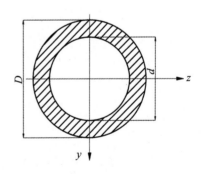

图1-82　环形截面示意图

对于直径为D的实心圆截面，有：

$$W_z = \frac{\pi D^4 / 64}{D / 2} = \frac{\pi D^3}{32}$$

对于环形截面（图1-82），抗弯截面系数计算见式（1-9），有：

$$W_z = \frac{I_z}{y_{\max}} = \frac{\pi(D^4 - d^4)/64}{D/2} = \frac{\pi D^3}{32}(1 - \alpha^4) \qquad (1\text{-}9)$$

式中，内外径之比 $\alpha = d/D$。

弯曲时正应力的强度条件是：

$$\sigma_{\max} = \frac{M_{\max}}{W_z} \leqslant [\sigma] \qquad (1\text{-}10)$$

利用式（1-10）可以计算弯曲强度的三类问题：校核强度、设计截面、计算许可荷载。

1.3.4 箱形截面

箱形梁的截面形状和通常的箱子截面一样，所以叫箱形梁，一般由盖板、腹板、底板以及隔板组成，主要用于大跨度或承重结构，见图1-83。

梁的抗弯强度按下列公式计算：

单向弯曲时：

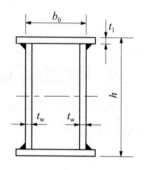

图1-83 箱形截面

$$\frac{M_x}{\gamma_x W_{nx}} \leqslant f \qquad (1\text{-}11)$$

双向弯曲时：

$$\frac{M_x}{\gamma_x W_{nx}} + \frac{M_y}{\gamma_y W_{ny}} \leqslant f \qquad (1\text{-}12)$$

式中 M_x、M_y——绕 x 轴和 y 轴的弯矩（对工字形和H形截面，x 轴为强轴，y 轴为弱轴）；

W_{nx}、W_{ny}——梁对 x 轴和 y 轴的净截面模量；

γ_x、γ_y——截面塑性发展系数（当梁受压翼缘的自由外伸宽度 b 与其厚度 t 之比不大于 $13\sqrt{235/f_y}$ 时，参照规范查取，否则取 $\gamma_x = \gamma_y = 1.0$）。

箱形截面压弯构件腹板的屈曲应力计算方法与工字形截面的腹板相同，但考虑到两块腹板受力状况可能不完全一致，以及腹板与翼缘采用单侧焊缝连接，其嵌固条件不如工字形截面，因此规定h_0/t_w不应大于工字形截面限值的0.8倍。当压弯构件的高厚比不满足要求时，可调整厚度或高度。对工字形和箱形截面压弯构件的腹板，在计算构件的强度和稳定性时往往采用有效截面，还可采用纵向加劲肋加强腹板，这时应按上述规定验算纵向加劲肋与翼缘间腹板的高厚比。

1.3.5 T形截面

1. 截面形心位置

参考坐标oyz'（z'为T的上端面，y为T的对称轴，o为z'与y相交的点，位于T的上端面），将T截面分解为矩形"一"和"I"两部分。

矩形"一"的面积与形心的纵坐标分别为：

$$A_1 = b_1 \cdot l_1 \text{（长×高）}$$
$$y_1 = b_1 / 2$$

矩形"I"的面积与形心的纵坐标分别为：

$$A_2 = b_2 \cdot a_2$$
$$y_2 = b_2 / 2 + b_1$$

则截面T形心C的纵坐标为：

$$y_C = \left(A_1 \cdot y_1 + A_2 \cdot y_2\right) / \left(y_1 + y_2\right)$$

2. T形截面的惯性矩

由平行轴定理和$I_z = bh^3 / 12$可得$I_z = I_{zO} + A \cdot a^2$

则矩形"一"与"I"对形心轴z（经过C点且与z'平行）惯性矩分别为：

$$I_{1z} = a_1 b_1^3 / 12 + A_1 \left(y_C - y_1\right)^2$$
$$I_{2z} = a_2 b_2^3 / 12 + A_2 \left(y_C - y_2\right)^2$$

截面T对形心轴z的惯性矩$I_z = I_{1z} + I_{2z}$

T形截面优点：节约材料，减小自重。

1.3.6 工字形截面

1. 截面形心位置

参考坐标oyz'（y和z轴分别为工字形截面的水平和竖直对称轴），将工字形截面分解为两个矩形"一"和一个"I"三部分，见图1-84。

矩形"一"的面积为：

$$A_1 = B \cdot t_2 （长 \times 高）$$

矩形"I"的面积为：

$$A_2 = t_1 \cdot (H - 2t_2)$$

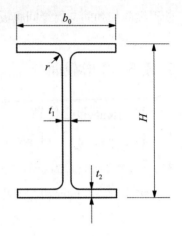

图1-84 工字形钢结构截面

工字形截面面积为$A = 2A_1 + A_2$。

形心C的坐标为（0，0）。

2. 计算工字形截面的惯性矩

由平行轴定理和$I_z = bh^3 / 12$，可得$I_z = I_{zO} + A \cdot a^2$，则矩形"一"与"I"对形心轴$z$（经过$C$点且与$z'$平行）惯性矩分别为：

$$I_{1z} = Bt_2^3 / 12 + A_1 (H/2)^2$$
$$I_{2z} = t_1 (H - 2t_2)^3 / 12$$

工字形截面对形心轴z的惯性矩$I_z = 2I_{1z} + I_{2z}$；

计算工字形截面的面积矩和回转半径；

工字形截面对形心轴z的面积矩为$S_z = \sum A_i y_i$；

y_i为截面形心至轴线的距离；

工字形截面对形心轴z的回转半径为$i_z = I_z / A$。

1.3.7 框架梁柱节点形式及计算模型

框架结构由梁与柱组成。对于钢框架，按梁与柱的连接形式又可分为半刚接框架和刚接框架。根据受力变形特征，钢结构框架梁柱连接可分为三类：刚性连接

（图1-85a）、铰接连接（图1-85b）和半刚性连接（图1-85c）。

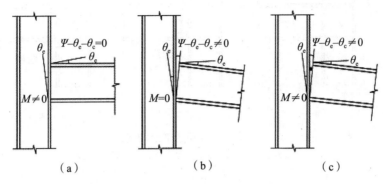

图1-85 钢结构框架梁柱连接形式
（a）刚性连接；（b）铰接连接；（c）半刚性连接

　　实际钢结构框架梁与柱之间通过焊缝或螺栓（多采用高强度螺栓）连接。在梁端弯矩作用下，梁柱连接或多或少会产生一些变形，表现为梁柱间的相对转动，实际连接形式还是刚接。

　　图1-86为钢结构节点各类连接的典型构造形式。

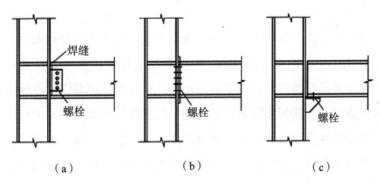

图1-86 节点构造
（a）刚性连接；（b）半刚性连接；（c）铰支连接

　　梁柱刚性连接又可分为三类：①全焊连接，即梁端与柱的连接全部采用焊接连接，见图1-87（a）；②栓焊混合连接，即梁翼缘与柱的连接采用焊接连接，梁腹板与柱的连接采用摩擦型高强度螺栓连接，见图1-87（b）；③螺栓连接，即梁端与柱的连接采用普通T形连接件的高强度螺栓连接，见图1-87（c）。

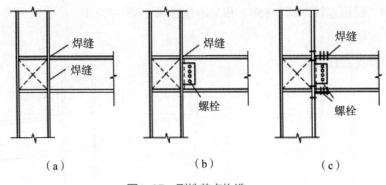

图1-87　刚性节点构造

（a）全焊连接；（b）栓焊连接；（c）螺栓连接

1.4　结构优化分析

优化设计的概念源自于人们的社会生产实践活动。当一个产品设计或一项工程未满足人们预先所期望的要求时，设计者往往会根据前人或自己的经验积累，遵循一定的"优化"思想和法则，采用各种各样的方法，不断改变设计模型和设计参数，借以改善产品或结构的性能指标，使设计效果达到最佳。

与传统优化设计方法不同，现代结构优化设计方法是建立在理论分析基础之上的科学技术。它将结构分析、计算力学、数学规划方法、计算机科学和数值计算技术等学科融于一体，借助于科学的计算方法和工具，自动完成设计方案或模型的修改过程。因此，结构优化设计既是传统设计的扩展与延伸，也是现代创新设计领域中的重要核心技术与定量设计方法。它使得设计者由被动的分析校核，转变为主动的设计控制。这种优化设计方法把设计要求和设计目标，如结构体积、质量、位移、应力、应变、内力、频率、振型、频响函数等，都以数学公式的形式表达出来，并通过专门的计算机分析软件实现结构的优化设计。

自20世纪60年代以来，经过大家多年不懈的努力和实践，结构优化设计已取得了非常丰硕的研究成果，优化技术已成为工程领域中一个强大的设计方法。现在，对于大型复杂结构的优化设计问题，完全可以借助有限元分析的强大数值计算功能来得到解决，同时也使许多独特的优化理论和优化算法得到广泛地应用。为满足实际工程需要，许多商业化结构分析软件，如Nastran、ANSYS等，都配有独立的优化设计模块。与此同时，人们还开发了许多通用的优化设计软件，如DDDU3、SOPSA、BOSS-QUATTRO等。目前，结构优化设计仍处在快速发展阶段，还有许多理论和技术问题迫切需要解决。

1.4.1 结构优化目标

对于一个工程结构优化设计问题，首先必须用与结构的性能密切相关的基本设计参数，对结构进行参数化建模。其中，有一部分设计参数是可变的，需要在优化求解过程中被确定。在这一部分参数中，只有线性独立的设计参数才被称为"设计变量"。按照变量的性质，可以将设计变量分成五类：①材料性能设计变量，如弹性模量E；②构件尺寸设计变量，如杆件的横截面积A；③构件形状设计变量，如杆件的长度L；④结构形状设计变量，如结构构型控制节点的位置；⑤结构拓扑设计变量。

结构优化的目的就是要在满足预先指定的限制条件中，寻找出这些设计变量的最佳组合。这些待定的设计参数可以是构件的长度、截面特性（如面积或惯性矩），膜、板壳的厚度，某些关键节点的坐标，一定设计区域内材料分布的存在与否，或是附加构件（附加集中质量或支承弹簧）的位置等。

在优化问题中，至少应有一个衡量设计效果优劣的函数，即优化设计所追求的目标函数。同时，优化问题还可能有一个或几个对结构性能和设计变量实施限制的约束条件，保证结构设计完成后，能够正常发挥作用。例如，强度准则就是结构设计最基本的设计限制。约束条件可以是设计变量的线性或非线性函数，甚至还可能是设计变量的隐函数。实际结构优化问题所涉及的目标函数和约束条件，基本上都是设计变量的非线性函数，即非线性优化问题。

目标函数和约束条件可以是下列项目之一：

（1）结构质（重）量、体积或造价；

（2）在规定的载荷条件下，结构指定点的变形或位移；

（3）在规定的载荷条件下，指定构件中的内力（轴力、弯矩或剪力）或应力；

（4）系统或构件的失稳载荷；

（5）系统的固有振动频率或振型的节点；

（6）在规定的动载荷条件下，指定点的动态响应或某一频段内的频响函数值。

根据实际问题的需求，以上几项的综合或某一项的函数也常出现在结构优化问题中。除了极简单的问题以外，一般情况下，有关结构的性能和响应，需要通过数值方法才能得到，而有限元法是最常用的数值分析方法。另外，如果优化设计只有一个目标函数，称为单目标优化问题。如果目标函数不止一个，则称为多目标优化问题。多目标优化可以求得一组解集。

最常见的单目标结构优化设计问题用数学公式表示如下：

设计变量：

$$X = \begin{bmatrix} x_1 x_2 \cdots x_n \end{bmatrix}^T \qquad (1-13)$$

目标函数：

$$\min \text{ 或 } \max f(X) \qquad (1-14)$$

约束条件：

$$\left. \begin{array}{l} g_i(X) \leqslant 0 \, (i=1, 2, \cdots, m) \\ h_i(X) = 0 \, (i=m+1, \cdots, p) \\ x_j^l \leqslant x_j \leqslant x_j^u \, (j=1, \cdots, n) \end{array} \right\} \qquad (1-15)$$

式中　　$f(X)$——目标函数；

　　　　$g_i(X)$——不等式约束函数；

　　　　$h_i(X)$——等式约束函数；

　　　　　X——设计变量列向量；

　　x_j^l、x_j^u——设计变量 x_j 取值的下限和上限。

如果一个向量 $X = [x_1, x_2, \cdots, x_n]^T$ 满足所有约束条件，则称其为可行解或可行点，所有可行点组成的集合称为可行域。使目标函数值最小（或最大）的可行解就是最优解。

如图1-88所示两杆桁架结构，材料的许用拉应力为 $[\sigma_t]$，许用压应力为 $[\sigma_c]$，垂直许用位移为 δ，α 为30°，设计变量为两杆的横截面面积，要求结构重量最轻，建立结构优化设计的数学模型。

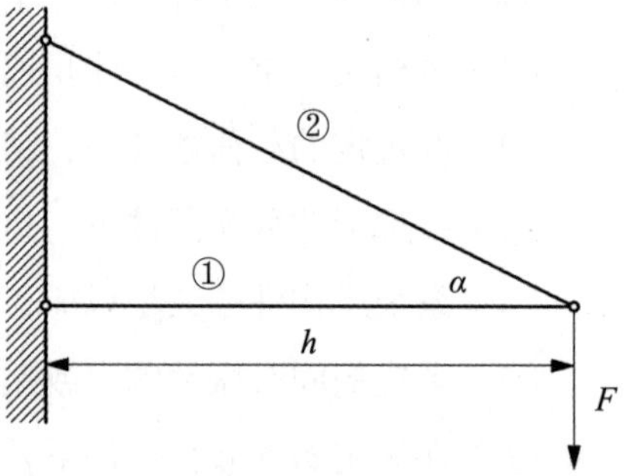

（1）设计变量：两杆的横截面面积 A_1、A_2。

（2）目标函数：由于杆件采用的都是钢材，所以结构的质量可以用材料的体积 V 来衡量：

图1-88　两杆桁架结构

$$V = A_1 \frac{2l}{\sqrt{3}} + A_2 l$$

（3）约束条件：

杆的强度条件：$\sigma_1 = \dfrac{F_{N1}}{A_1} = \dfrac{2F}{A_1} \leqslant [\sigma_t]$；

杆的强度条件：$\sigma_2 = \dfrac{F_{N2}}{A_2} = \dfrac{\sqrt{3}F}{A_2} \leqslant [\sigma_c]$；

结构的位移条件：$\delta = 2\Delta l_1 + \sqrt{3}\Delta l_2 = \dfrac{8Fl}{\sqrt{3}EA_1} + \dfrac{8Fl}{EA_2} \leqslant [\delta]$；

横截面积必须为正：$A_1 > 0$，$A_2 > 0$。

这个结构优化设计的数学模型可以表达如下：

求设计变量：

$$A = \begin{bmatrix} A_1 \\ A_2 \end{bmatrix}$$

使目标函数：

$$V(A) = A_1 \frac{2l}{\sqrt{3}} + A_2 l$$

为最小，并满足约束条件：

$$\begin{cases} \sigma_1 = \dfrac{F_{N1}}{A_1} = \dfrac{2F}{A_1} \leqslant [\sigma_t] \\[2mm] \sigma_2 = \dfrac{F_{N2}}{A_2} = \dfrac{\sqrt{3}F}{A_2} \leqslant [\sigma_c] \\[2mm] \delta = 2\Delta l_1 + \sqrt{3}\Delta l_2 = \dfrac{8Fl}{\sqrt{3}EA_1} + \dfrac{8Fl}{EA_2} \leqslant [\delta] \\[2mm] A_1 > 0,\ A_2 > 0 \end{cases}$$

1.4.2　结构优化的分类

结构优化问题主要依赖于目标函数、约束条件以及设计变量的类型，不同类型的设计变量需要用不同的数学方法来处理。根据设计变量的性质，结构优化设计一般划分为拓扑优化、形状优化和尺寸优化三个层次。依据问题的复杂程度，通常认为拓扑优化设计比形状优化和尺寸优化更具难度。

1. 拓扑优化

在结构的初步设计阶段（如方案设计阶段），特别是复杂结构及部件的概念设计阶段，对于给定的优化目标和约束条件，拓扑优化可用来定性地描述最佳的结构构型（外形）设计，为进一步详细设计提供科学的依据。

对于离散杆系结构，如桁架或框（刚）架结构，拓扑优化需要确定结构最佳的传力路线，或者是最少的构件数量及其正确的连接形式，确定节点以及节点之间的杆件在空间的排列顺序。而对于连续体，拓扑优化要在给定设计区域内，对一定量（质量或体积）的材料进行合理配置和分布，使结构在给定载荷作用下，满足"最大刚度"准则要求。人们普遍认为拓扑优化比形状或尺寸优化效益更高，更能节省材料。从基（本）结构的角度看，低效的构件或材料将从设计区域内删除掉，使结构以最佳的布局方案传递外力。

连续体拓扑优化通常会在结构内部产生孔洞现象，如图1-89所示，因此拓扑优化也称为实体–孔洞（Solid-Empty）问题。拓扑设计变量代表材料的有或无，在优化过程中，它们只能取离散值0或1。因此，理论上讲拓扑优化设计应采用分支定界技术求解。

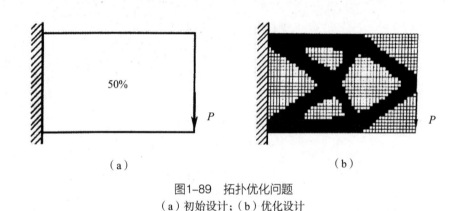

（a）　　　　　　　　　　　　　　　　（b）

图1-89　拓扑优化问题
（a）初始设计；（b）优化设计

从基结构的设计角度考虑，拓扑优化可以采用类似于尺寸优化的技术来处理。此时，只要允许构件尺寸取零值，然后自动删除即可，即从基结构中删除一些不必要的构件。然而，拓扑优化比尺寸优化要复杂得多。因为在优化过程中，设计变量的集合和有限元分析模型都在不断改变，先前删除的构件有可能还会回到结构中来。因此，孔洞的数量、位置等都无法预先知晓，必须不断地重新生成有限元网格，并在某些局部区域自动进行网格细分。

2. 形状优化

结构形状优化设计，可以用来确定连续体结构的内部或外部几何边界形状，或两种材料之间的界面形状。也用来确定杆系结构（桁架或刚架）形状控制节点的位置，而杆件的截面尺寸保持不变。形状优化属于可动边界问题，其目的是为了改善结构内力传递路径，以达到降低应力或应力集中，提高结构的强度，增加结构的刚度等效果。

图1-90（b）所示为平面桁架结构图1-90（a）的形状优化设计。对于连续体而言，

形状优化不改变结构原来的拓扑构型设计，即不增加新的孔洞或节点，也不允许有孔洞或节点重合而引起单元删除现象出现。对于杆系结构而言，形状优化则不允许增删杆件数量、改变杆件截面积与连续关系。在形状优化过程中，结构性能或响应与设计变量之间一般呈现非线性关系，使得形状优化过程中，设计变量的灵敏度分析与计算存在一定的困难。

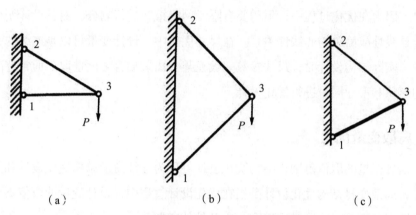

图1-90　平面桁架结构
（a）初始设计；（b）形状最优设计；（c）形状与尺寸优化设计

另外，还有一类优化问题已得到人们的普遍重视，即结构支承（撑）或附加非结构集中质量位置的优化设计。众所周知，支承的作用是用来固定结构，防止结构产生过度（刚体或弹性）位移和变形。结构与其边界支承一起，构成一个完整的系统，实现结构设计的基本功能。而附加非结构集中质量，可代表结构所承载的设备、配重等。图1-91所示悬臂梁在B点附加一个点（铰）支承。结构支承或非结构集中质量位置的不同设计，也能够极大地改善结构的力学性能。从力学分析角度来看，可以把这些附加构件的作用作为一个施加在结构上的集中外力F_B（支承反力或惯性力）来统一处理。外力F_B作用点的位置B的优化设计，也属于结构形状优化设计范畴的问题。

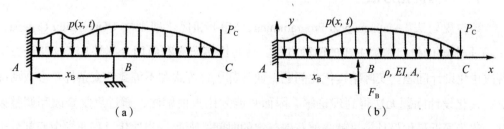

图1-91　悬臂梁支承位置优化及受力分析示意图
（a）结构图；（b）受力图

3．尺寸优化

在给定结构的类型、材料、布局拓扑和几何尺寸的情况下，优化各个组成构件的截面尺寸，使结构最轻或最经济，通常称为尺寸优化，它是结构优化设计中的最低层次，也是在工程实际中应用最为广泛的结构优化设计形式。结构尺寸优化中的设计变量一般是杆的横截面积、梁的截面惯性矩、板的厚度或是复合材料的分层厚度或铺层角度。通过调整构件的尺寸，从而达到优化设计的目的。与拓扑和形状优化相比，尺寸优化相对比较简单。因为在优化过程中，不需要有限元网格重新进行划分，而且设计变量与刚度矩阵一般是线性或简单的非线性关系。在尺寸优化中，设计变量可以是连续的，也可以是离散的。实际结构设计时，尺寸参数一般在某个离散集合之内选取。通常情况下，应将结构的形状和尺寸同时进行优化设计。

4．离散变量优化

按照设计变量的取值范围，结构优化设计可分为连续变量结构优化设计和离散变量优化设计，离散变量结构优化设计是指在优化设计过程中，设计变量的取值不是在某一范围内连续变化而是只能取某些符合一定条件的离散值。

目前常用的离散变量优化设计算法有三类：

（1）精确算法。这类算法可求得问题的全局最优解，但一般来讲这些算法都是指数型算法。

（2）近似算法。这类算法求得的不是精确最优解而是近似最优解，但是该类算法可以保证近似最优解与精确最优解的相对误差不超过某一固定的比值。

（3）启发式算法。这类算法的基本思想不是一定要求得精确最优解，而是在允许时间内求得一近似最优解。

1.4.3 结构优化方法及软件介绍

1．结构优化方法

数学规划法（Mathematical Programming，MP）和优化准则法（Optimality Criteria，OC）是求解优化问题最主要的两种方法。现有许多研究和应用，都是基于这两种方法解决优化设计问题。实际结构优化问题，通常都包含等式和不等式约束条件。多数情况下，优化设计问题无法得到理论解。因而只能采用数值解法，通过反复修改和调整模型，逐步逼近最优设计，这就需要花费一定的时间。而每一步迭代过程通常由两部分组成：①结构分析与收敛性检验；②修改模型参数获得一组新的设计变量值。从某种意义来说，迭代次数依赖于问题的复杂程度。每次迭代步长（修改量）也是有限的，因此非常费时，尤其是对动力优化问题。致使结构优化设计变得效率低、成本高。开发快速、高效的优化算法，也是结构优化设计研究的一项关键技术。

1）数学规划法

数学规划法以规划理论为基础，它的数学关系的推导比较严谨，能在N维设计空间内确定一个函数的极值（极大或极小值）。它对约束和目标函数的形式一般没有特别要求，因而比优化准则法有更广泛的适应性。但是，数学规划法计算量较大，对于多变量的结构优化问题，收敛太慢。数学规划法包括拉格朗日乘子法、可行方向法、共轭梯度法、牛顿法、序列线性规划法以及序列二次规划法等，各有优缺点。这些方法都需要计算目标和约束函数的灵敏度信息，即目标函数和约束函数对每个设计变量的一阶导数值。有些算法（如牛顿法、序列二次规划法）甚至需要计算对设计变量的二阶导数值。另外，由于采用近似技术，而近似计算公式只在设计点附近才足够准确，因此这些算法一般对设计变量的每次修改量都施加一定的限制（Move Limit）。近年来，随机搜索法得到人们的普遍重视，如遗传算法和模拟退火法等，因为这些算法不需要计算目标和约束函数的导数信息，可以使优化设计问题得到一定程度上的简化。

对于一般的结构优化问题，可以采用有限差分技术简单代替设计变量的灵敏度分析。但是，如果设计变量很多，这样做的计算工作量非常巨大，而且计算结果受差分步长的影响很大，计算精度很难得到保证。为了提高灵敏度计算精度，也可以采用半解析的方法近似计算灵敏度值。对一些简单的问题，通过结构力学分析，可以得到精确的一阶导数表达式，使得灵敏度计算变得简单、易行，而且不受设计变量规模的限制。经过一次有限元结构分析，即可计算得到全部设计变量的灵敏度值。

2）优化准则法

优化准则法首先要建立直观的、可操作的设计变量必须遵循的优化准则，如满应力准则。许多优化准则是基于库恩–塔克（Kuhn-Tucker）优化设计条件推演得到。但也有些优化准则是根据力学的基本概念和工程经验建立起来的，如等强度设计准则、应变能密度一致准则等。通常认为优化准则法收敛快，要求结构重分析的次数一般与设计变量的数目没有太多关系，而且编程相对比较简单。但是对不同类型的优化设计问题，优化准则的形式各不相同，必须根据不同问题的性质，构造不同的设计迭代公式。近年来，优化准则法和数学规划法相互渗透、融合，吸收对方的优点，形成了相应的序列近似规划法，在结构优化设计中取得了很大的成功。

2．结构优化软件

工程结构优化设计研究的一个重要目的就是要将理论研究成果应用于实际工程，解决工程结构的优化设计问题。由于结构优化设计问题的复杂性，只有应用计算机才能完成实际工程结构的优化设计问题。目前结构优化设计的软件主要有两类：

一类是专用的结构优化设计软件，如OptiStruct、Tosca等。这些结构优化设计软件拥有强大、高效的概念优化和细化优化能力，优化方法多种多样，可以应用在设计的各个阶段，其优化过程可对结构在静力、模态、屈曲等约束条件下进行优化。有效的优化算法允许在模型中存在上百个设计变量和响应，并且支持多种有限元结构分析程序的求解器和前后处理器，使其应用更加灵活、方便。

另一类是具有结构优化设计功能的通用有限元分析软件，如ABAQUS、ANSYS、MSC.Marc、MSC.Nastran等，这些有限元分析软件由于结构分析功能强大，前后处理界面友好，因而得到了广泛的应用。而在这些有限元分析软件基础上发展起来的结构优化设计模块，与有限元分析模块可以实现完美结合，充分发挥了有限元分析软件在求解器、数据结构、存储器管理等方面的优势，将结构分析与结构优化设计结合起来，得到了广泛的应用。相对而言，ANSYS在结构优化设计方面的功能较为实用、完善，可以用来解决工程实际中的许多实际问题。

3．结构优化设计实例

下文将以ANSYS软件为例介绍结构优化设计。

1）优化设计基本概念

在ANSYS的优化设计中包含的基本定义有设计变量、状态变量、目标函数、合理和不合理的设计、分析文件、迭代、循环，以及设计序列等。其中设计变量、状态变量和目标函数总称为优化变量。

（1）设计变量

设计变量为自变量，常常为结构的长度、厚度、直径等表征设计的可选参数。通过取定设计变量的上、下限来定义设计变量的变化范围。

（2）状态变量

状态变量是约束设计的数值，常常为应力、温度、热流率、频率及变形等。它们是因变量，是设计变量的函数。状态变量可能会有上、下限，也可能只有单方面的限制，即只有上限或只有下限。在ANSYS优化程序中用户可以定义不超过100个状态变量。

（3）目标函数

目标函数是要求尽量减小的数值。它必须是设计变量的函数，即改变设计变量的数值将改变目标函数的数值。在ANSYS优化程序中，只能设定一个目标函数，且必须为正。

（4）设计序列

设计序列指的是确定一个特定模型的参数的集合。它是由优化变量的数值来确定的，但所有的模型参数（包括不是优化变量的参数）组成了一个设计序列。

（5）合理的设计

合理的设计应该满足所有给定的约束条件（包括设计变量的约束和状态变量的约束），而最优设计是指既能满足所有给定的约束条件，又能得到最小目标函数值的设计。如果所有的设计序列都不合理，则认为最优设计趋近于合理的设计，而不考虑目标函数的数值。

（6）分析文件

分析文件是指一个ANSYS程序的命令流输入文件，是一个完整的分析过程（包括前处理、求解、后处理）。它必须含有一个参数化的模型，也就是说用参数定义的模型，并指出设计变量、状态变量和目标函数。由分析文件还可以自动生成优化循环文件（Jobname.loop），并在优化计算中循环处理。

（7）循环

一次循环是指一个分析周期（执行一次分析文件），最后一次循环的输出数据存储在文件Jobname.loop中。

（8）优化迭代

优化迭代（迭代过程）是指产生新的设计序列的一次或多次循环。一般情况下，一次迭代等同于一次循环，但对于一阶方法，一次迭代则代表多次循环。

2）优化设计基本步骤

ANSYS优化设计一般通过命令流和GUI交互方式两种方法实现。这两种方法的选择取决于用户对于APDL语言的熟悉程度和对GUI交互方式的习惯程度。如果用户对于ANSYS程序的APDL语言相当熟悉，就可以选择输入整个优化文件的命令流来进行优化。对于复杂且计算耗时的分析任务来说（如非线性），这种方法效率更高。而GUI交互方式灵活性较大，可以实时看到循环过程的结果。使用GUI交互方式进行优化首先要建立模型的分析文件，然后优化模块所提供的功能都可以交互式的使用以确定设计空间，便于后续优化处理的进行。这些初期的交互式操作可以帮助用户提高优化效率。

优化设计通常包括如下8个步骤：

①生成分析文件。参数化建立模型（PREP7），求解（SOLUTION），提取并设置状态变量和目标函数（POST1/POST26）。

②建立与分析文件中变量相对应的参数，但该步骤不是必需的。

③进入优化模块，指定分析文件。

④指定优化变量。

⑤选择优化工具或方法。

⑥指定优化循环控制方式。

⑦执行优化分析。

⑧查看设计序列结果（OPT）和后处理（POST1/POST26）。

1.4.4 应用实例

1. 桁架结构形状优化算例

Michell半圆形拱结构设计通常可由拓扑优化方法得到，这种半圆形设计也经常为结构的尺寸优化提供形状设计基础。在位移约束条件下，通过形状优化，同样可以得到这个典型的半圆形设计结果。假设结构为桁架，所有杆件具有相同的横截面面积$A = 10\mathrm{cm}^2$，材料的弹性模量$E = 210\mathrm{GPa}$，密度$\rho = 7800\mathrm{kg/m^3}$。结构初始形状设计和所受外力如图1-92所示，下弦中间节点1的垂直位移受到的约束条件为$|v_1| \leqslant 1.168\mathrm{mm}$。

假设节点3和节点7可沿水平方向移动，节点4、5、6分别沿垂直方向移动。优化过程中，结构对y轴的对称性保持不变。因此实际只有5、6、7三个节点的坐标是独立设计变量，需要分别对它们进行灵敏度分析，计算其灵敏度数。每次循环可移动两个独立节点坐标。

图1-93显示了Michell桁架结构的形状优化设计结果，其形状非常接近一个半圆形。图1-94分别绘出了节点1的垂直位移和结构质量变化过程。从图1-94可以发现，在优化过程中，节点1的垂直位移值单调减小，结构质量先减小，而后再增加。在初始设计阶段，位移减小比较快，结构质量也有明显下降。这是由于节点7（和节点3）具有正

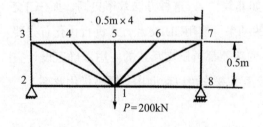

图1-92 Michell拱结构初始外形设计

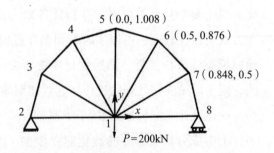

图1-93 Michell桁架结构形状优化设计结果

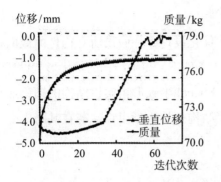
图1-94　受力点的垂直位移和结构质量变化过程

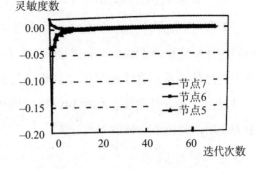
图1-95　节点灵敏度数的变化过程

的灵敏度数，首先移动这个节点所产生的效果。随后，位移减小而质量增加，设计变量的灵敏度数为负值。接近最优点时，结构质量急剧增加，而位移减小很缓慢。这意味着形状优化的效率变得很低，或者说节点的灵敏度数接近于0。在图1-94中，质量曲线上有突然下降的点，这是由于约束条件满足以后，设计点沿拉格朗日函数负梯度移动所致。

　　图1-95分别示出了每个可移动节点坐标灵敏度数的变化过程。由此图可见，设计开始阶段，节点7的灵敏度数为正值，其他各个节点的灵敏度数为负值，并且绝对值相对也较大。随着结构形状的改变，各节点移动的效率不断下降，灵敏度数逐渐趋于0。

　　表1-3比较了在最优设计状态时，每个节点的灵敏度数之间相对误差，与拉格朗日函数梯度的范数之间的相互关系。当收敛条件得到满足时，各设计变量的灵敏度数之间的误差小于5%。此时认为优化设计已经收敛。如果继续减小拉格朗日函数梯度的范数值，则各变量的灵敏度数之间的误差会更小，数值趋于相等。

　　这个典型算例充分展示了结构形状优化设计，对减小位移的影响效果。结构质量只增加大约10%，从71.4kg增加到78.6kg。而指定点的位移减小了76%，从4.805mm减小到1.168mm。

最优设计状态时，节点灵敏度数与拉格朗日函数梯度的对比　　　　　表1-3

$\nabla L(X)/10^{-2}$	$\alpha_{15}/10^{-5}$	$\alpha_{16}/10^{-5}$	$\alpha_{17}/10^{-5}$	相对误差/%
0.99105	−1.16757	−1.18098	−1.20228	3.0
0.47953	−1.17487	−1.18064	−1.19135	1.4
0.16744	−1.17873	−1.18084	−1.18454	0.5

2．桁架结构形状与尺寸组合优化算例

上节对Michell桁架拱结构单独进行了形状优化设计，并假设所有构件的截面积均相同，且始终保持不变。仅在满足节点位移约束条件下，得到结构的最优形状设计为半圆形。此外，若不考虑压杆失稳约束条件时，Michell半圆形桁架拱结构的理论最小质量可以由分析计算得到。如图1-96所示的桁架结构拓扑构型设计，若在其跨中受一集中力作用，其最小质量由下式计算：

$$W = \frac{2 \times 6}{\sigma^+} LP\rho \tan\left(\frac{\pi}{2 \times 6}\right)$$

式中，L代表半跨的长度，本算例中$L = 1\text{m}$。

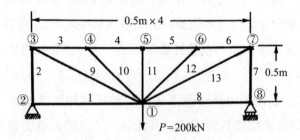

图1-96　Michell拱外形的初始设计

假设所有杆件单元的初始截面积均为$A = 5\text{cm}^2$。与上节形状优化相同，节点3和7可沿水平方向移动；节点4、5、6分别沿垂直方向移动。受力节点的垂直位移约束要求$|v_1| \leqslant 3.8\text{mm}$。优化设计过程中，结构形状与杆件尺寸对称性保持不变，因此只有5、6、7三个节点需要分别计算灵敏度数。而单元截面积也存在如下相互关联性：$A_1 = A_8$；$A_2 = A_7$；$A_3 = A_6$；$A_4 = A_5$；$A_{10} = A_{12}$。

图1-97是Michell桁架拱结构的优化设计结果，这是一个半圆形拱结构，所有单元处于满应力状态。表1-4分别列出了节点坐标和杆件截面积初始设计值，理论分析优化结果和数值优化结果。两种方法所得节点坐标和杆件截面积优化结果基本一致。图中，下弦杆的截面积A_1，A_8是斜撑杆件截面积A_9、A_{13}的1/2，大约是上弦杆件截面积A_2、A_7的1/4。图1-98是结构质量设计变化过程。开始阶段，形状优化对降低结构质量的效率很高，质量值急剧下降。而在接近优化点时，结构质量下降比较缓慢。如果允许结构最小质量有3%的误差，即最小质量假设为21.53kg，则经过20次循环迭代即可接近收敛，设计结果列于表1-5，外形设计如图1-99所示，与图1-97优化结果比较可见，此时所得结构形状和尺寸设计与最优结果相差较大，各杆的截面积变化亦无规律可循。可见，如

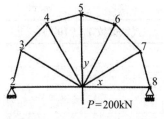
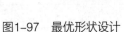

图1-97　最优形状设计

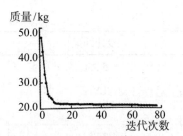

图1-98　质量优化过程

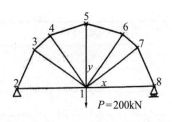

图1-99　3%误差时设计结果

果不是采用灵敏度数指标控制结构形状优化迭代收敛，而是采用目标函数的相对误差控制优化设计过程，其结果有时并不可靠。

Michell拱结构的节点坐标和单元截面积　　　　表1-4

设计变量	初始值	理论解	灵敏度数 α_{1j} （$\times 10^{-4}$）	优化解	灵敏度数 α_{1j} （$\times 10^{-4}$）
y_5	0.5	1.000	−1.7582	1.000	−1.8272
y_6	0.5	0.866	−1.7583	0.867	−1.6536
x_7	1.0	0.866	−1.7583	0.864	−1.8766
A_1, A_8	5.0	1.116		1.132	
A_2, A_7	5.0	4.314		4.318	
A_3, A_6	5.0	4.314		4.315	
A_4, A_5	5.0	4.314		4.311	
A_9, A_{13}	5.0	2.233		2.201	
A_{10}, A_{12}	5.0	2.233		2.262	
A_{11}	5.0	2.233		2.209	
结构质量（kg）		20.9		20.90	

结构质量有3%误差时，Michell拱的节点坐标和单元面积　　　　表1-5

设计变量	设计结果	灵敏度数 α_{1j} （10^{-4}）
y_5	0.8056	−3.5688
y_6	0.6736	−3.5135
x_7	0.7205	−3.6387
A_1, A_8	2.330	
A_2, A_7	4.774	
A_3, A_6	4.969	

设计变量	设计结果	灵敏度数 α_{1j}（10^{-4}）
A_4，A_5	5.350	
A_9，A_{13}	1.917	
A_{10}，A_{12}	2.128	
A_{11}	2.731	
结构质量（kg）	21.52	

第2章

结构模型制作

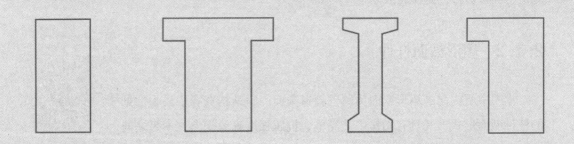

2.1 不同截面杆件制作

2.1.1 圆管形杆件

圆管形杆件和其他类型的构件相比，具有较好的抗扭性能，在保留强度的同时因其制作工艺的特殊性使其具有一定的韧性，但由于目前圆管形杆仅采用卷杆制作工艺可以实现，因此一般较难制作且自重相对较大，仅在某些特殊受力部位使用。

制作实例如下：

制作材料：0.20mm本色侧压单层复压竹皮纸或0.35mm本色侧压单层复压竹皮纸、符合要求的不锈钢圆柱棒、502胶水、砂纸、美工刀、三角尺等。

制作过程：以采用0.35mm竹皮纸的制作的横截面半径为3mm，长50mm的圆形杆件为例。

1）剪裁。用美工刀或裁纸机对0.35mm的竹皮纸进行切割或剪裁，得到一片顺纹长度为50mm，宽约50mm的竹片。

2）搓揉。对剪裁下来的竹皮纸沿其顺纹方向进行搓揉，将其中的竹纤维打散分离，仅依靠竹皮纸中自身的无纺布来保持整体性。

3）卷杆。将搓揉的竹皮纸放在不锈钢模具上卷制圆管形杆，滴加一次胶水卷制（每次卷制距离视杆的直径和胶水的用量而定），卷制过程中仍需对竹皮纸进行搓揉以保证杆件的密实度。卷制一定的圈数后沿圆管形杆件的轴线方向裁去多余的竹皮纸。

4）打磨。将卷制完成的圆管形杆在砂纸上打磨，去除最外围胶水及杂质使其表面光滑，圆管形杆件制作完成。

2.1.2 箱形截面杆件

本书中所提出的箱形截面为薄壁箱形截面，是结构竞赛中最为常见的杆件截面形式，其具有制作工艺简单，抗压强度高等优点，不足之处在于其受压过程中角部应力较大，容易出现脱胶，角部开裂进而导致强度急剧降低。为改善箱形截面的力学性能，可以对截面形式进行改进。

二维码2-1
箱形截面杆件

具体措施为在原有箱形截面杆件的基础上，在角部外贴一层竹皮，增加了杆件角部的横截面厚度，在相同压力下角部的应力减小，从而改善杆件的力学性能，且可以使杆件角部的胶水粘接更加牢靠。

制作材料根据需求自行选取，制作实例如下：

制作过程：因改进箱形截面杆件的制作工艺更为复杂，因此以采用0.35mm厚的竹皮纸制作的截面为5mm×5mm，长50mm的改进型箱形截面杆件为例，见图2-1。

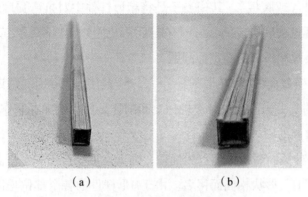

（a）   （b）

图2-1　箱形截面杆件

（a）普通箱形截面杆件；（b）改进箱形截面杆件

1）剪裁。用美工刀或裁纸机对0.35mm的竹皮纸进行切割或剪裁，得到4片顺纹长度为50mm，宽5mm的小竹片。若是美工刀切割的小竹片，顺纹切割时会出现边缘不平齐，宽度不是标准5mm等现象，此时可将所有小竹片叠放在一起，用砂纸进行打磨，使4片小竹片的宽度一致并且边缘平齐。

2）拼接。将4片竹片进行编号，以1号竹片为底，2号竹片垂直拼接在1号之上，初学者可在下方的竹片端头涂抹少量的502胶水，方便初始搭接，之后左手持垂直的竹片，右手持胶水沿搭接缝隙少量滴入502胶水，胶水从胶水瓶挤出后，利用毛细作用渗透到搭接缝隙中。不宜大量滴加，否则会导致胶结速度慢、杆件质量偏大、杆件和手指粘接等不良结果。两片拼接完成后，以2号竹片为底，3号竹片垂直拼接在2号之上，重复滴入胶水进行粘接。最后以3号竹片为底，4号竹片垂直拼接在3号之上，先对3、4号拼接接口进行胶结，再将4、1号的拼接口进行胶结，普通箱形截面杆制作结束。

3）打磨。对刚制作完成的普通箱形截面杆沿长度方向进行打磨，磨去多余的胶水和接口处因拼接不当而多出的竹皮纸，并使打磨过程中产生的竹粉填充到局部未粘接牢固的拼接缝隙中。（若制作普通箱形截面杆件，再向未粘接牢固的拼接缝隙滴入502胶水进行粘接即可完成制作）。

4）强化竹皮剪裁。用美工刀或裁纸机对0.35mm或0.2mm的竹皮纸进行切割或剪裁，得到4片顺纹长度为50mm，宽度为1~2mm的小竹条。（宽度不需特别精确）。

5）将剪裁的小竹片搭接在回字形杆的搭接缝处，用502胶水将小竹片粘接在接缝处，达到加强杆件角部材料厚度，增强胶水粘结效果的加固作用。

2.1.3 "T、L、H"形杆件

T形杆件，指横截面形式为T形的杆件。两侧挑出部分称为翼缘，其中间部分称为梁肋（或腹板）。其相当于是将箱形杆件中对抗弯强度起作用较小的受拉区挖去后形成的。与原有矩形抗弯强度相比下降幅度不大，但需要考虑翼缘和腹板的稳定性问题。

二维码2-2
T形杆件制作

L形杆件，指横截面形式为L形的杆件。类似于工程中应用的角钢，可按照不同需要组成各种不同的受力构件，也可作构件之间的连接件。例如在制作格构柱时L形杆件可用作连接两个分肢的缀条。

H形杆件是一种截面面积分配更加优化、强重比更加合理和经济高效的型材，因其断面与英文字母"H"形状相同而得名。由于H形杆件的各个部位均以直角排布，因此H形钢在各个方向上都具有抗弯能力强、施工简单、节约材料和构件重量轻等优点，在模型制作过程中已被广泛应用。

制作材料同样根据需求选择，具体的制作过程如下。

以采用0.35mm竹皮纸制作的各形杆件为例：

1）剪裁。与箱形截面杆件所需的竹片裁剪方法相同，力求做到裁剪出的竹片宽度相同且匀称。

2）拼接。各类型杆件拼接的方法及注意事项与箱形截面杆件相同。

3）局部加固。若竹皮纸裁剪过程中误差较大，各类型杆件粘接后仍有缝隙存在，在用事先打磨出的竹粉填充到缝隙之中，再向其中滴入502胶水进行粘接。此外，因T形、L形杆件需要考虑稳定性问题，可用竹皮纸制作加劲肋，防止局部失稳。

2.1.4 异形杆件

除了上述杆件之外，还存在一些异型杆件，如"十"字形杆件、"△"形杆件等，可根据构件在结构中实际受力情况进行制作，通过使用异形杆件可减轻模型重量提高构件利用效率。并且制作异形杆件的过程与制作普通杆件相同，适合用于非关键位置，以"十"字形杆件为例，其示意图如图2-2所示。

图2-2 "十"字形杆件示意图

二维码2-3
异形杆件制作

2.2 模型杆件之间的连接制作

2.2.1 杆件之间的连接节点处理

二维码2-4
杆件间连接节点处理

杆件之间的连接主要包括竹皮纸制作的空心杆件连接和竹条实心杆件连接，在实际操作中，同一直线上的杆件应尽量避免分段连接。当采用竹皮纸制作的受拉构件需要连接时，可直接将两片竹皮纸连接在一起，若强度要求较高，需在连接处贴上一段顺纹竹皮纸，起到局部加强的作用。当连接空心杆件时，可采用套管的方式连接，既其中一杆件的外径为另一杆件的内径，也可相同直径的杆件直接连接，此时需两杆件连接处封口，并在接口粘贴额外的竹皮纸加固。格构柱连接时，可在相互接触的肢件外并一根长度合适的杆件进行连接。竹条连接时，若强度要求不高，可将两端对齐，并包裹一层顺纹竹皮纸即可；若强度要求较高，可用竹条并杆连接，并包裹含有竹粉的竹皮纸，然后滴加胶水进行连接。

同时模型的杆件尽量在设计过程中使其承受轴力，但在实际模型中，不可避免杆件承受弯矩作用，此时杆件的连接应考虑弯矩的影响。根据力传递方向决定搭接方式，尽量使搭接节点处构件受挤压作用而非拉力，在杆件的连接处可使用竹皮纸贴片进行加固。

2.2.2 结构与边界连接制作（节点板、粘结、绑扎等）

二维码2-5
模型与边界的
连接制作

结构与外界连接主要指模型和平台板或模型和荷载装置的连接，此种情况下应充分利用提供的材料，灵活变通。通常采取的措施有：竹皮纸制作为自锁式扎带、竹片或竹皮纸制作自攻螺丝底座等。

2.3 构件模型制作

2.3.1 柱模型制作方法

二维码2-6
柱模型制作方法

在模型制作中，格构式构件一般用作压弯构件，截面形式一般为双轴对称或单轴对称截面。格构式构件由肢件和缀材组成，肢件主要承受轴向力，一般可用较粗的竹竿或空心杆制作；缀材主要用于连接肢件，一般可采用较细的竹竿制作，分析中受力较小的缀材可以采用竹皮纸制作的T形、L形杆件，以减轻模型质量。

1．单轴对称格构柱的制作方法

在模型制作中，我们所说的单轴对称格构柱是指单片格构，即实际工程中的双肢柱，其两肢件中间由缀条连接，可以形象的看成一个面，面内稳定性较好，但面外的稳定性较差，因此通常将其与受拉构件配合使用。即可以保证竖向强度，同时受拉构件又可以保证其平面外稳定性，而使其不会发生失稳破坏。

制作步骤：在图纸上画上自己需要的格构柱尺寸（柱的长度和宽度、缀条布置设计等），将竹竿或者空心杆沿着线的位置布置好，在节点位置滴上胶水，最后把制作好的柱子在图纸上用美工刀剥离开即可。

2．双轴及多轴对称格构柱的制作方法

在模型制作中，我们所说的双轴对称和多轴对称格构柱是指空间层面的格构柱，该格构柱不需要借助拉条也能保证其稳定性。

制作步骤：在格构柱的多个面中，选择一个最复杂的面，在图纸上画出其需要的尺寸轮廓，其余步骤和前面制作单轴格构柱是一样的。在图纸上画出和该面相邻的另一个面，制作完成后，将之前已经做好的一个面与该面拼接，注意一定要保证拼接的牢固性，接着用同样的办法制作其他面。

双轴格构柱一定要注意整体的稳定性，在设计过程中适当增减缀条。

3．实腹式柱的制作方法

柱按截面形式分类，可以分为方柱、圆柱、箱形柱、工字形柱、H形柱、T形柱、L形柱、十字形柱等，这些柱的制作方法与前文中提到的不同截面杆件制作方法相同，不再详细赘述。值得一提的是，杆件在作为柱的过程中要避免杆件长细比过大，防止出现杆件失稳破坏。

4．柱模型支座的制作方法

从近些年结构设计竞赛赛题来看，一般柱的支座分为三类：柱与承台板之间采用胶水粘结、直接放于承台板搭接不做任何固定和用自攻螺丝钉将柱固定于承台板。

1）采用胶水粘结

用胶水将支座粘在承台板上是最常见，也是较为简单的支座连接方式。在此过程中，一般需要考虑模型的整体受力，来重点分配胶水的使用量。如果柱脚处反力较大，可以适当使用木粉加胶水或设置柱脚加劲肋达到增加连接强度的目的。

2）直接和承台板搭接

可分为有卡槽和无卡槽两种搭接类型，有卡槽搭接可将柱放于卡槽内，可限制柱的部分自由度。无卡槽结构只能利用柱与承台板之间的摩擦力，此时就要求设计的结构柱底部剪力应足够小。此外，如模型为对称结构可在柱与柱之间设置拉杆达到平衡柱底剪力的目的，使承台板仅受到法向力作用。

3）用自攻螺丝钉固定

这种连接方式是近年来比较流行的方法，近几年的全国大学生结构设计竞赛赛题中已经有多次采取这样的连接方式。需要根据柱的受力特点设计合理的柱底连接板，其与实际钢结构工程中型钢柱与基础之间采用螺栓连接的方式类似。

2.3.2 梁模型制作方法

在实际工程中，梁的种类是多种多样的，通常来说，梁指的是以弯曲变形为主的构件。梁在荷载作用下产生弯曲变形，梁的一侧受拉，另一侧受压。同时通过截面之间的相互错动传递剪力，最终将作用在其上的竖向荷载传递至两边支座。在结构设计竞赛中，梁一般受集中荷载和均布荷载，根据荷载形式的不同设计选用不同类型的梁。

1. 受均布荷载的梁

在均布荷载作用下本书以空间桁架梁和张弦梁为例进行说明。

（1）空间桁架梁的制作：先在图纸上画出梁的精确轮廓（宽度、横撑和斜撑），在线条处贴上透明胶带，将挑选好的杆件沿着画好的图线开始拼接，即单榀桁架的制作，单榀桁架拼接完成之后暂时放置。剪取需要的其他腹杆，在已经完成的单榀桁架基础上开始拼装腹杆与弦杆，最终制成空间桁架。

（2）张弦梁的制作：在图纸上先确定所需要的张弦梁的长度。对于上平下弯式张弦梁，在图纸上把上弦段的轴线准确地画出，再拿一根细杆，利用反吊法确定下弦受拉杆件的弯曲曲线，并将其描绘在图纸上。按设计结果在图纸上确定腹杆及斜撑（多为斜向拉条）的位置。同上述粘贴胶带目的相同，而后进行结构的拼装。对于上下弦都是有弧度的张弦梁，首先确定梁的整体长度，而后同样利用反吊法确定上下弦的弯曲曲线。

2．受集中荷载的梁

本书选取2015年江苏省结构设计竞赛梁模型为例进行说明。赛题要求制作总长度为960mm，跨度为800mm的梁模型，使用材料包括桐木杆、竹竿和胶水等，最终得分主要以现场加载模型的荷重比计算。

针对该模型设计构思如下：

梁模型设计说明：如图2-3所示该模型由两个空间格构式柱与水平拉杆构成，格构式短柱以双肢为主要受力杆件，选用较粗的桐木杆件。集中力通过两个对称的格构柱传到了支座处，下部设置的水平拉杆可以有效平衡支座处水平分力，格构柱轴向承载力较大、稳定性好，不容易发生屈曲破坏。从局部上看，该模型内部各构件以轴力为主，弯矩较小，单根杆件的强度较大，受力较为合理。因此，该模型可以达到较大的荷重比。

制作过程：利用预先设计好的图纸将两个相同的格构式短柱制作完成，制作方法参照桁架的制作方式，再将其和两个拉杆一起拼装成一个整体。拼装过程中一定要保证整个模型的准确性，尽量保证两空间桁架倾斜角度相同。

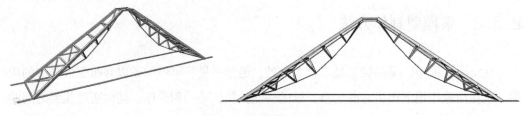

图2-3　模型结构示意图

2.3.3　支撑杆件制作方法

支撑体系是联系梁、柱等主要构件并使其构成整体的重要组成部分。在木制、竹制或纸制模型设计与制作中，主要考虑横向水平支撑与纵向支撑两大类，其主要作用为：

（1）在模型制作与加载试验阶段保证结构的稳定性；

（2）保证模型结构的空间整体性；

（3）为模型主体结构提供水平向约束，减小其构件长细比；

（4）将某些局部性水平荷载传递到主要承重结构构件上。

1．横向水平支撑

横向水平支撑即设置于同一水平面内的支撑（图2-4），可以起到增加结构体系的抗扭刚度和结构的空间整体性作用，同时能避免压杆出现侧向失稳，防止拉杆产生过大的振动。当结构承受水平荷载作用时，横向水平支撑可以承担和传递水平荷载，又可保障结构制作安装过程的稳定和方便。

横向水平支撑一般选用杆件拼接来实现，优先选择截面面积较小的细杆，按照计算长度在端部做打磨处理后拼接在结构中，但需要注意，要及时处理支撑与结构主体的连接节点。

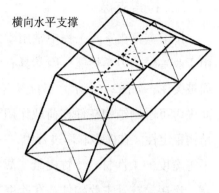

横向水平支撑

图2-4 水平支撑示意图

2．纵向支撑

纵向支撑即两根竖向构件之间设置的斜杆，根据支撑的位置可分为中心支撑与偏心支撑，中心支撑是斜杆都连接于梁柱节点，偏心支撑的斜杆不都连接于梁柱节点，不管何种支撑类型均可增加体系的侧向刚度。纵向支撑可只沿模型纵向的一部分柱间布置，也可在横向或纵向两向布置。拼装时应严格控制误差，保证支撑杆与斜杆所成角度相等，并使各支撑间距相等。

纵向支撑可采用单根杆件直接与柱拼接或者搭接，当侧向刚度要求高时可采用复压式竹皮空心杆件拼接，一般采用单斜杆或者十字交叉斜杆布置。需注意只能受拉的单斜杆体系，应同时设置不同方向的两组单斜杆。图2-5为纵向支撑常用的形式。

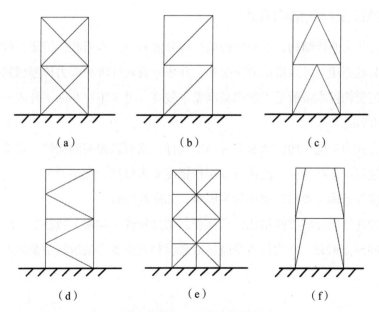

（a） （b） （c）

（d） （e） （f）

图2-5 纵向支撑常用形式

（a）十字交叉斜杆；（b）单斜杆；（c）人字形斜杆；（d）K形斜杆；（e）"米"字形斜撑；（f）八字形斜撑

3. 拉索支撑

拉索支撑在实际工程中常用于大跨度结构中，用于改善结构力学性能，因其具有轻质高强的特点而被关注，如图2-6所示。当拉索支撑应用于同一平面内时可限制结构杆件在荷载作用下的位移，提高结构稳定性。在模型制作过程中，一般采用2～5mm不等宽度的柔性材料（竹皮纸、薄竹片等）作为拉索，连接梁柱等主要构件，在跨度较大且均布荷载

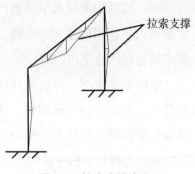

图2-6　拉索支撑应用

作用下的结构尤为经济适用，性能良好。也可根据结构实际受力状态直接与模型承台板连接，用来增强结构整体稳定性。

2.3.4　冲击荷载作用下模型制作要点

1. 冲击荷载概念

在很短的时间内（作用时间小于受力机构的基波自由振动周期的一半）以很大的速度作用在构件上的载荷称为冲击载荷。其应力与变形量的计算相当复杂，计算时一般按照机械能守恒定律进行。

2. 抵抗冲击荷载结构形式

第一种方式为刚性结构，如利用桁架结构分散传导冲击荷载，桁架结构本身刚度较大，在冲击荷载作用下可以抵抗瞬时变形，并依靠斜腹杆将冲击力传递到其他杆件，较为合理。对桁架构件本身的手工制作精度要求较高，可采用空心回字杆或者加肋空心杆件，如图2-7所示。

第二种方式为耗能结构，如套筒式伸缩构件，用可以伸缩的构件，在受到冲击荷载以后变形的过程中消耗能量，此种方式制作精度要求较高，理论上可行，但是实践过程中因制作精度等原因导致模型制作较为困难，如图2-8所示。

耗能结构还可制作成柔性结构进行耗能。柔性构件（拉索）拉住被撞构件或者柔性材料用以缓冲冲击荷载，在构件本身破坏或者材料发生变形的过程中消耗冲击势能，如图2-9所示。

图2-7　桁架结构抵抗冲击荷载　　　图2-8　套筒式伸缩构件模型应用

图2-9　柔性拉索拉住被撞击构件模型实例

2.4　手工制作要点

2.4.1　杆件的剪裁注意要点

二维码2-7
手工制作要点

杆件剪裁时需要尽量避免产生初始缺陷，针对不同结构杆件的裁剪主要从所使用材料性能和裁剪工具等方面进行说明。

1. 材料性能

首先了解材料的力学性能，比如230g巴西白卡纸，它的含义是：每张A0纸重230g。此类纸不同区域都略有不同，但大体还是一样的，如重量、强度等。又如本色复压竹材的规格及性能，结构设计竞赛题中都会给出，一定要仔细关注。

仔细观察白卡纸或者竹皮纸等材料，会发现顺、逆纹的差别，如图2-10所示。一

图2-10 竹皮纸纹理

般来说，沿长边方向是顺纹，沿短边方向是逆纹。讨论顺和逆的差别基于两点：第一主要是施工上的因素，沿顺纹剪裁要方便得多，也更顺手些；第二，强度上的因素，顺纹方向强度稍大于逆纹方向。因此，在制作构件过程中要尽量注意沿顺纹裁剪。

2. 剪裁工具使用

一般主办方提供的主要剪裁工具为美工刀与剪钳，如图2-11所示，在使用美工刀裁大尺寸构件时，可先用刀尖沿长直尺在材料上轻划一次，然后沿着第一次的划痕稍微使劲再划一次，此时刀具不容易偏离材料，剪裁效果较好，一般重复2~3次可较整齐裁得预设材料。

剪钳适用于处理小范围细节修剪工作，如杆件端部拼接角度等，这些较难一次性确定的尺寸可用剪钳重复修剪试验，从而得到完美构件。

图2-11 美工刀与剪钳

3. 剪裁时尺寸的注意事项

裁纸时仍需要考虑减小内层尺寸，考虑材料本身厚度等因素，在模型构件制作过程中，内层尺寸如若超出设计规格会破坏构件的形状甚至受力性能，因此精准的尺寸剪裁在模型制作中也至关重要。

2.4.2 粘结材料的使用要点

粘结材料时须注意胶水的滴加量，挤出少量胶水并利用连接缝的毛细作用自然渗入，之后便能迅速凝结。若粘接处留有较大的空隙，可填充竹皮纸或竹粉后再进行粘结。

2.4.3 预应力的施加

在结构承受荷载之前，可以预先对其施加拉力，使其充分发挥抗拉性能，用以抵消或减小其他构件因外荷载产生的内力。拉杆在预应力施加的过程中应先对一端进行固定，将杆件的长度适当制作的长一些，一名队友在拉杆一侧施加预应力，另一名队友迅速借助竹粉、502胶水实现固定。若预应力拉杆连接的两端并未固定，可先将拉杆连接，后增加拉杆两端的固定点距离，从而达到施加预应力的作用。

2.4.4 变截面做法

变截面的构件有变截面格构柱、变截面空心杆等。制作变截面格构柱时，沿着图纸进行格构柱缀板的拼接即可，变截面空心杆的制作流程和普通空心杆一致。需要注意的是变截面柱在制作过程中要防止其绕轴向发生扭曲。

2.4.5 其他注意事项

在模型的拼接点，除了采用竹皮纸节点加固、胶水加固、竹粉填充加固外，还可以分离出竹皮纸内部的无纺布，用其充当绳索，绑扎节点。将竹皮纸剪切成节点形状，将其根据受力方向粘接在节点上可增加节点强度。胶水加固与竹粉填充加固原理相同，加固效果较差且质量增加较多，在此并不推荐使用此方法。无纺布自身强度较低，但其遇胶水会迅速胶结，硬度变大，可以显著增加连接点的强度。

综上所述，模型设计过程中需要充分考虑制作材料的力学特性，比如桐木质地松软，受挤压会发生压密进而局部变形；竹材的韧性良好，结构破坏前可发生较大的变形等。

第3章

结构力学性能分析及上机实践

3.1 结构力学方法及应用

本节将主要介绍结构力学中所涉及的计算方法，包括力法、位移法、能量法和极限荷载计算等。

3.1.1 力法

1. 基本思路

力法是计算超静定结构的最基本的方法。

下面结合图3-1所示一次超静定结构说明力法中的三个基本概念。

1）力法的基本未知量

我们将图3-1（a）中的超静定结构与图3-1（b）中的静定结构加以比较：

在图3-1（b）中有三个未知力F_{xA}、F_{yA}、M_A，可用三个平衡方程全部求出。

在图3-1（a）中，在支座B处还多了一个未知力X_1。这个多余未知力无法由平衡方程求出。因此，在超静定结构中遇到的新问题就是计算多余未知力X_1的问题。只要X_1能够设法求出，则剩下的问题就是静定结构的问题了。多余未知力是求解超静定问题的关键未知量，也被称为力法的基本未知量。

2）力法的基本体系

在图3-1（c）中，把图3-1（a）中的多余约束（支座B）去掉，而代之以多余未知力X_1。这样得到的含有多余未知力的静定结构称为力法的基本体系。

与之相应，把图3-1（a）中原超静定结构中多余约束（支座B）和荷载都去掉后得到的静定结构称为力法的基本结构（图3-1d）。值得一提的是，力法的基本未知量和基本体系选取通常不唯一，可根据后续求解未知力的难易程度进行取舍。

在基本体系中仍然保留原结构的多余约束反力X_1，只是把它由被动力改为主动力，因此基本体系的受力状态可使之与原结构完全相同。由此看出，基本体系本身既是静定结构，又可用它代表原来的超静定结构。因此，它是由静定结构过渡到超静定结构的一座桥梁。

3）力法的基本方程

怎样才能求出图3-1（a）中基本未知量X_1的确定值？显然不能利用平衡条件求出，必须补充新的条件。

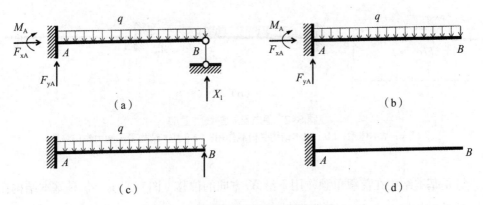

图3-1 力法的基本结构与基本体系

（a）原超静定结构；（b）外荷载示意图；（c）基本体系；（d）基本结构

前面已经说明：图3-1（c）中的基本体系可以转化为图3-1（a）中的超静定结构。为此，我们将图3-1（a）和图3-1（c）加以比较。

在图3-1（a）所示的超静定结构中，X_1是被动力，是固定值，而与X_1相应的位移Δ_1（即B点的竖向位移）等于零。

在图3-1（c）的基本体系中，X_1是主动力，是变量。如果X_1过大，则梁的B端往上翘；如果X_1过小，则B端往下垂。只有当B端的竖向位移正好等于零时，基本体系中的变力X_1才与超静定结构中恒定力X_1正好相等，这时基本体系才能真正等效于原来的超静定结构。

由此看出，基本体系转化为原来超静定结构的条件是：基本体系沿多余未知力X_1方向的位移Δ_1应与原结构相同，见式（3-1）：

$$\Delta_1 = 0 \tag{3-1}$$

这个转化条件是一个变形协调条件，也就是计算多余未知力时所需要的补充条件。

图3-2（a）所示基本体系承受荷载q和未知力X_1的共同作用。根据叠加原理，状态（a）应等于状态（b）与（c）的总和，这里状态（b）和（c）分别表示基本结构在q和X_1单独作用下的受力状态，如图3-2（b）和图3-2（c）所示。因此，变形条件（3-1）可表示如下：

$$\Delta_1 = \Delta_{1P} + \Delta_{11} = 0 \tag{3-2}$$

这里，Δ_1是基本体系在荷载与未知力X_1共同作用下沿X_1方向的总位移（即图3-2a中B的竖向位移）。

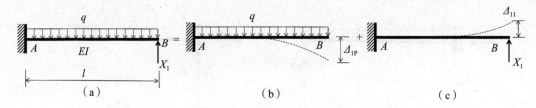

图3-2 基本结构的线性叠加

（a）基本体系；（b）基本结构受荷载作用；（c）基本结构受未知力作用

Δ_{1P} 是基本结构在荷载单独作用下沿 X_1 方向的位移（图3-2b）。Δ_{11} 是基本结构在未知力 X_1 单独作用下沿 X_1 方向的位移（图3-2c）。位移 Δ_1、Δ_{1P}、Δ_{11} 的方向如果与力 X_1 的正方向相同，则规定为正。Δ_{11} 是由未知力 X_1 引起的位移。根据叠加原理，位移 Δ_{11} 应与力 X_1 成正比，其中的比例系数如用 δ_{11} 表示，则可写成式（3-3）：

$$\Delta_{11} = \delta_{11} X_1 \tag{3-3}$$

由此看出，系数 δ_{11} 在数值上等于基本结构在单元力 $X_1 = 1$ 单独作用下沿 X_1 方向产生的位移（图3-3b）。将式（3-3）代入式（3-2），即得：

$$\delta_{11} X_1 + \Delta_{1P} = 0 \tag{3-4}$$

这就是在线性变形条件下一次超静定结构的力法基本方程。力法方程中的系数 δ_{11} 和自由项 Δ_{1P} 都是基本结构即是静定结构的位移，我们已经熟悉其计算方法。为了计算 δ_{11} 和 Δ_{1P}，作基本结构在荷载作用下的弯矩图 M_P（图3-3a）和在单位力 $X_1 = 1$ 作用下的弯矩图 $\overline{M}_1$（图3-3b）。应用图乘法，得式（3-5）和式（3-6）：

$$\Delta_{1P} = \int \frac{\overline{M}_1 M_P}{EI} \mathrm{d}x = -\frac{1}{EI}\left(\frac{1}{3} \times \frac{ql^2}{2} \cdot l\right) \times \frac{3l}{4} = -\frac{ql^4}{8EI} \tag{3-5}$$

$$\delta_{11} = \int \frac{\overline{M}_1 \overline{M}_1}{EI} \mathrm{d}x = \frac{1}{EI}\left(\frac{l \cdot l}{2} \times \frac{2l}{3}\right) = \frac{l^3}{3EI} \tag{3-6}$$

代入力法方程式（3-4）得式（3-7）：

$$\frac{l^3}{3EI} X_1 - \frac{ql^4}{8EI} = 0 \tag{3-7}$$

由此求出：

$$X_1 = \frac{3}{8}ql \qquad (3\text{-}8)$$

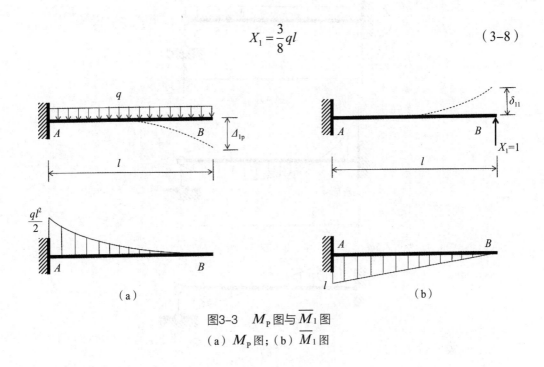

图3-3　M_P图与$\overline{M}_1$图

（a）M_P图；（b）$\overline{M}_1$图

求得的未知力是正号，表示反力X_1的方向与原设的方向相同。

多余未知力求出以后，就可以利用平衡条件求原结构的支座反力，作内力图，计算结果如图3-4所示。

根据叠加原理，结构任一截面的弯矩M也可以用式（3-9）表示：

$$M = \overline{M}_1 X_1 + M_P \qquad (3\text{-}9)$$

这里，$\overline{M}_1$是单位力$X_1 = 1$在基本结构中任一截面所产生的弯矩，M_P是荷载在基本结构中所产生的弯矩。

2．多次超静定结构的计算

结合图3-5（a）所示刚架进行讨论。这是一个两次超静定结构。如果取B点两根支杆的反力X_1和X_2为基本未知量，则基本体系如图3-5（b）所示，相应的基本结构如图3-5（c）所示。

为了确定多余未知力X_1和X_2，可利用多余约束处的变形条件：即基本体系在B点沿X_1和X_2方向的位移应与原结构相同，即应等于零。因此可写成式（3-10）：

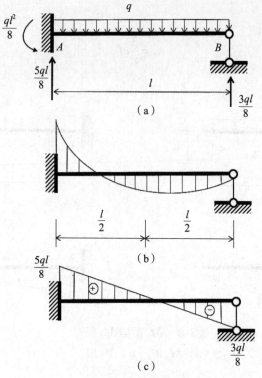

图3-4　结构内力图
（a）基本体系；（b）M图；（c）F_{Q}图

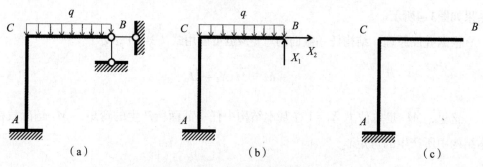

图3-5　两次超静定结构的基本结构和基本体系
（a）两次超静定结构；（b）基本体系；（c）基本结构

$$\left.\begin{array}{l}\varDelta_1 = 0\\ \varDelta_2 = 0\end{array}\right\} \qquad (3-10)$$

这里，$\varDelta_1$是基本体系沿X_1方向的位移，即B点的竖向位移；$\varDelta_2$是基本体系沿X_2方向的位移，即B点的水平位移。

下面应用叠加原理把变形条件式（3-10）写成展开形式。为了计算基本体系在荷

载和未知力 X_1 和 X_2 共同作用下的位移 $\varDelta_1$、$\varDelta_2$，先分别计算基本结构在每种力单独作用下的位移，如图3-6所示。

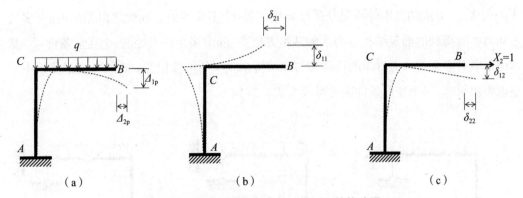

图3-6　基本结构在各力单独作用下的位移图
（a）基本结构受原荷载单独作用；（b）基本结构受X_1单独作用；（c）基本结构受X_2单独作用

由叠加原理，得式（3-11）：

$$\left.\begin{array}{l} \varDelta_1 = \delta_{11}X_1 + \delta_{12}X_2 + \varDelta_{1P} \\ \varDelta_2 = \delta_{21}X_1 + \delta_{22}X_2 + \varDelta_{2P} \end{array}\right\} \qquad (3-11)$$

因此，根据变形条件式（3-10）和式（3-11），可得：

$$\left.\begin{array}{l} \delta_{11}X_1 + \delta_{12}X_2 + \varDelta_{1P} = 0 \\ \delta_{21}X_1 + \delta_{22}X_2 + \varDelta_{2P} = 0 \end{array}\right\} \qquad (3-12)$$

这就是两次超静定结构的力法基本方程。

由基本方程求出多余未知力 X_1、X_2 以后，利用平衡条件便可求出原结构的支座反力和内力。此外，也可利用叠加原理求内力，例如任一截面的弯矩M可用下面的叠加公式（3-13）计算：

$$M = \overline{M}_1 X_1 + \overline{M}_2 X_2 + M_P \qquad (3-13)$$

这里，M_P 是荷载在基本结构任一截面产生的弯矩，$\overline{M}_1$ 和 $\overline{M}_2$ 分别是单位力 $X_1 = 1$ 和 $X_2 = 1$ 在基本结构同一截面产生的弯矩。

同一结构可以按不同方式选取力法的基本体系和基本未知量。例如图3-5（a）所示结构，其基本体系也可采用图3-7（a）或图3-7（b）所示体系。这时，力法基本方程在形式上与式（3-12）完全相同，但由于X_1和X_2的实际含义不同，因而变形条件的实际含义也不同。此外，还要注意，基本体系应是几何不变的，因此图3-7（c）所示瞬变体系不能取作基本体系。

下面讨论n次超静定的一般情形。这时力法的基本未知量是n个多余未知力 X_1，$X_2,\cdots,X_n$，力法的基本体系是从原结构中去掉n个多余约束，而代之以相应的n个多余未知力后所得到的静定结构，力法的基本方程是在n个多余约束处的n个变形条件——基本体系中沿多余未知力方向的位移应与原结构中相应的位移相等。在线性变形体系中，根据叠加原理，n个变形条件通常可写为式（3-14）：

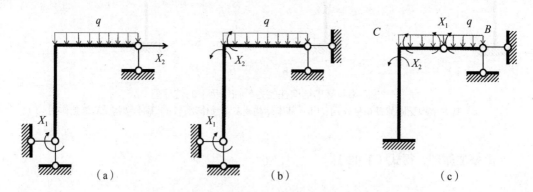

图3-7　力法基本体系的选取
（a）基本体系二；（b）基本体系三；（c）几何瞬变体系

$$\left.\begin{array}{l}\delta_{11}X_1 + \delta_{12}X_2 + \cdots + \delta_{1n}X_n + \varDelta_{1P} = 0 \\ \delta_{21}X_1 + \delta_{22}X_2 + \cdots + \delta_{2n}X_n + \varDelta_{2P} = 0 \\ \cdots\cdots\cdots\cdots\cdots\cdots\cdots\cdots\cdots\cdots\cdots\cdots\cdots \\ \delta_{n1}X_1 + \delta_{n2}X_2 + \cdots + \delta_{nn}X_n + \varDelta_{nP} = 0 \end{array}\right\}$$
（3-14）

式（3-14）为n次超静定结构在荷载作用下力法方程的一般形式，因为不论结构是什么形式，结构的基本体系和基本未知量怎么选取，其力法的基本方程均为此形式，故常称为力法典型方程。

解力法方程得到多余未知力 $X_1, X_2, \cdots, X_n$ 的数值后，超静定结构的内力可根据平衡条件求出，或根据叠加原理用下式（3-15）计算：

$$\left.\begin{array}{l}M = \bar{M}_1 X_1 + \bar{M}_2 X_2 + \cdots + \bar{M}_n X_n + M_P \\ F_Q = \bar{F}_{Q1} X_1 + \bar{F}_{Q2} X_2 + \cdots + \bar{F}_{Qn} X_n + F_{QP} \\ F_N = \bar{F}_{N1} X_1 + \bar{F}_{N2} X_2 + \cdots + \bar{F}_{Nn} X_n + F_{NP} \end{array}\right\}$$
（3-15）

式中，$\bar{M}_i$、$\bar{F}_{Qi}$、$\bar{F}_{Ni}$是基本结构由于 $X_i = 1$ 作用而产生的内力，M_P、F_{QP} 和 F_{NP} 是基本结构由于荷载作用而产生的内力。在应用式（3-15）第一式画出原结构的弯矩图后，也可以直接应用平衡条件计算F_Q和F_N，并画出F_Q和F_N图。

3.1.2 位移法

通过简单的桁架例子，来具体地了解位移法的基本思路。图3-8（a）为一个对称结构，承受对称荷载F_P。结点B只发生竖向位移Δ，水平位移为零。如果能设法把位移Δ求出，那么各杆的伸长变形即可求出，从而各杆的内力就可求出，整个问理也就迎刃而解了。因此，位移Δ是一个关键的未知量，也被称为基本未知量。

现在进一步讨论如何求基本未知量Δ的问题。计算分为两步：

第一步，从结构中取出一个杆件进行分析。

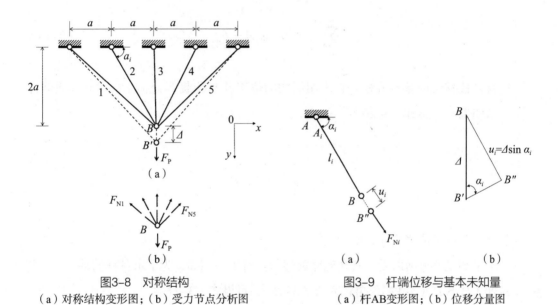

图3-8 对称结构
（a）对称结构变形图；（b）受力节点分析图

图3-9 杆端位移与基本未知量
（a）杆AB变形图；（b）位移分量图

图3-9（a）中杆AB，如已知杆端B沿杆轴向的位移为u_i（即杆的伸长），则杆端力F_{Ni}应为式（3-16）：

$$F_{Ni} = \frac{EA_i}{l_i} u_i \qquad （3-16）$$

式中，E、A_i、l分别为杆件的弹性模量、截面面积和长度。系数$\dfrac{EA_i}{l_i}$是使杆端产生单位位移时所需施加的杆端力，称为杆件的刚度系数。式（3-16）表明杆件的杆端力F_{Ni}与杆端位移u_i之间的关系，称为杆件的刚度方程。

第二步，把各杆件综合成结构。综合时各杆在B端的位移是相同的，即都由B改变到B'，称为变形协调条件。根据变形协调条件，各杆端位移u_i与基本未知量$\varDelta$间的关系为式（3-17）（图3-9b）：

$$u_i = \varDelta \sin \alpha_i \qquad (3-17)$$

再考虑结点B的平衡条件$\sum F_y = 0$，得式（3-18）（图3-8b）：

$$\sum_{i=1}^{5} F_{Ni} \sin \alpha_i = F_P \qquad (3-18)$$

其中，各杆的轴力F_{Ni}可由式（3-16）表示，各杆端位移u_i可根据式（3-17）采用基本未知量$\varDelta$表示，代入式（3-18），即得式（3-19）：

$$\sum_{i=1}^{5} \frac{EA_i}{l_i} \sin^2 \alpha_i \varDelta = F_P \qquad (3-19)$$

这就是位移法的基本方程，它表明结构的位移$\varDelta$与荷载F_P之间的关系。由此可求出基本未知量$\varDelta$，见式（3-20）：

$$\varDelta = \frac{F_P}{\displaystyle\sum_{i=1}^{5} \frac{EA_i}{l_i} \sin^2 \alpha_i} \qquad (3-20)$$

至此，完成了位移法计算中的关键一步。

基本未知量$\varDelta$求出以后，其余问题就迎刃而解了。例如，为了求各杆的轴力，可将式（3-20）代入式（3-17），再代入式（3-16），可得式（3-21）：

$$F_{Ni} = \frac{\dfrac{EA_i}{l_i} \sin \alpha_i}{\displaystyle\sum_{i=1}^{5} \frac{EA_i}{l_i} \sin^2 \alpha_i} F_P \qquad (3-21)$$

将图3-8（a）的尺寸代入式（3-20）和式（3-21），设各杆EA相同，得式（3-22）：

$$\left. \begin{array}{l} \varDelta = 0.637 \dfrac{F_P a}{EA} \\ F_{N1} = F_{N5} = 0.159 F_P \\ F_{N2} = F_{N4} = 0.255 F_P \\ F_{N3} = 0.319 F_P \end{array} \right\} \qquad (3-22)$$

在图3-8（a）中，如只有2根杆，结构是静定的；当杆数大于（或等于）3时，结构是超静定的，均可用上述方法计算。可见，用位移法计算时计算方法并不因结构的静定或超静定而有所不同。

位移法建立基本方程的过程分为两步：第一步，把结构拆成杆件，进行杆件分析，得出杆件的刚度方程，见式（3-16）。第二步，再把杆件综合成结构，进行整体分析，得出基本方程。这个过程是一拆一搭，拆了再搭的过程。它把复杂结构的计算问题转变为简单杆件的分析和综合的问题。这就是位移法的基本思路。

3.1.3　能量法

1．势能原理

势能驻值原理和余能驻值原理是与位移法和力法对应的两个基本的能量原理。如果把问题限定为弹性结构小位移的平衡问题（不包括薄性稳定问题），则能量的驻值实际上是极小值，此时又称为最小势能原理和最小余能原理，简称为势能原理和余能原理。此外，混合法是位移法与力法的综合应用，与混合法对应的能量原理是混合能量驻值原理，简称为混合能量原理。

在势能原理中，我们只考虑如下情况：荷载和支座位移都是给定量；但在势能偏导数定理中，支座位移可看作是变量位移。

1）结构的势能

考虑结构的各种几何可能位移状态，结构在可能位移状态下的势能 E_p 定义为两部分能量之和，见式（3-23）：

$$E_\mathrm{p} = U + U_\mathrm{p} \tag{3-23}$$

其中 U 是结构在可能位移状态下的应变能。对于刚架，通常只考虑弯曲应变能，如用挠度 υ 表示，则为式（3-24）：

$$U = \sum \int \frac{1}{2} EI \kappa^2 \mathrm{d}s = \sum \int \frac{1}{2} EI \left(\upsilon'' \right)^2 \mathrm{d}s \tag{3-24}$$

U_p 是结构的荷载势能，即荷载 F_p 在其相应的广义位移 D 上所作虚功总和的负值（这里用 D 表示位移，用 $\varDelta_i$ 表示位移法的基本未知量），见式（3-25）：

$$U_\mathrm{p} = -\sum F_\mathrm{p} D \tag{3-25}$$

因此，结构的势能可用位移表示如下，见式（3-26）：

$$E_P = \sum \int \frac{1}{2} EI \left(\upsilon'' \right)^2 \mathrm{d}s - \sum F_p D \qquad （3-26）$$

2）势能驻值原理

势能驻值原理可表述如下：

在位移满足几何条件的前提下，如果与位移相应的内力（即根据物理条件由此位移求得的内力）还满足静力平衡条件，则该位移必使其势能 E_P 为驻值；反之，在位移满足几何条件的前提下，如果此位移还使势能 E_P 为驻值，则该位移相应的内力必然满足静力平衡条件。

势能驻值原理可用图3-10表示。

如果结构的位移既满足几何条件，其相应的内力又满足静力条件，则此位移就是结构的真实位移。因此，势能驻值原理又可表述为：

在所有可能位移中，真实位移使势能为驻值；反之，使势能为驻值的可能位移就是真实位移。

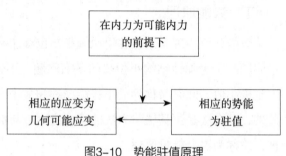

图3-10　势能驻值原理

3）基于势能原理的解法

基于势能原理的解法实质上就是以能量形式表示的位移法。其解法可分为三步：

第一步，考虑几何条件，确定结构的各种几何可能位移状态，其中含待定的位移参数 $\varDelta_i$。这些位移参数在位移法中为位移法的基本未知量。

第二步，考虑物理条件，求出在可能位移状态下结构的势能 E_P。

第三步，应用势能驻值条件，从而求出基本位移参数 $\varDelta_i$。这里的势能驻值条件就是以能量形式表示的静力方程，即位移法的基本方程。

由此看出，以上求解步骤与位移法基本相同，唯一的区别是：这里改用能量表述形式，用势能驻值条件替代位移法基本方程。

2. 最小势能原理

下面只讨论弹性结构小位移平衡问题有唯一解的情况，不讨论弹性结构失稳问题。在此情况下，结构的真实位移不仅使势能为驻值，而且使势能为极小值。也就是说，不仅势能驻值原理成立，而且最小势能原理也成立。

最小势能原理可表述如下：

在所有可能位移中，真实位移使势能为极小值；反之，使势能为极小值的可能位移就是真实位移。

最小势能原理的数学表达式为式（3-27）：

$$E_P(\Delta + d\Delta) > E_P(\Delta) \tag{3-27}$$

这里，Δ 是位移法基本未知量的真实解，$d\Delta$ 是 Δ 的任一非零增量。

关于式（3-27）的证明如下：

真实解 Δ 相应的势能由式（3-28）给出，即：

$$E_P(\Delta) = \frac{1}{2}\sum_{i=1}^{n}\sum_{j=1}^{n}k_{ij}\Delta_i\Delta_j + \sum_{i=1}^{n}F_{iP}\Delta_i \tag{3-28}$$

再考虑 $\Delta + d\Delta$ 相应的势能，见式（3-29）：

$$\begin{aligned}E_P(\Delta + d\Delta) &= E_P(\Delta) + \Delta E_P \\ &= \frac{1}{2}\sum_{i=1}^{n}\sum_{j=1}^{n}k_{ij}(\Delta_i + d\Delta_i)(\Delta_j + d\Delta_j) + \sum_{i=1}^{n}F_{iP}(\Delta_i + d\Delta_i)\end{aligned} \tag{3-29}$$

以上二式相减，得式（3-30）：

$$\Delta E_P = \frac{1}{2}\sum_{i=1}^{n}\sum_{j=1}^{n}k_{ij}\left[\Delta_i(d\Delta_j) + \Delta_j(d\Delta_i) + (d\Delta_i)(d\Delta_j)\right] + \sum_{i=1}^{n}F_{iP}(d\Delta_i) \tag{3-30}$$

由于式（3-31）和式（3-32）：

$$k_{ij} = k_{ji} \tag{3-31}$$

$$\sum_{i=1}^{n}\sum_{j=1}^{n}k_{ij}\Delta_i(d\Delta_j) = \sum_{i=1}^{n}\sum_{j=1}^{n}k_{ij}\Delta_j(d\Delta_i) \tag{3-32}$$

因此，式（3-30）可写成式（3-33）：

$$\Delta E_P = \sum_{i=1}^{n}\left(\sum_{j=1}^{n}k_{ij}\Delta_j + F_{iP}\right)(d\Delta_j) + \frac{1}{2}\sum_{i=1}^{n}\sum_{j=1}^{n}k_{ij}(d\Delta_i)(d\Delta_j) \tag{3-33}$$

引入势能驻值条件，则上式简化为式（3-34）：

$$\Delta E_{\mathrm{P}} = \frac{1}{2} \sum_{i=1}^{n} \sum_{j=1}^{n} k_{ij} (\mathrm{d}\varDelta_i)(\mathrm{d}\varDelta_j) \tag{3-34}$$

可以看出，上式右边就是与位移 $\mathrm{d}\varDelta$ 相应的应变能 $U(\mathrm{d}\varDelta)$ ，故上式可写为式（3-35）：

$$\Delta E_{\mathrm{P}} = U(\mathrm{d}\varDelta) \tag{3-35}$$

当 $\mathrm{d}\varDelta_i$ 不全为零时，相应的应变能为恒正，即式（3-36）：

$$U(\mathrm{d}\varDelta) > 0 \tag{3-36}$$

将式（3-36）代入式（3-35），即得式（3-37）：

$$\Delta E_{\mathrm{P}} > 0 \tag{3-37}$$

从而证毕。

顺便指出，本节结论只适用于弹性结构小位移平衡问题，不适用于弹性失稳问题，两者有以下区别：

在本节中，荷载势能 U_{P} 是位移参数 $\varDelta_i$ 的一次式；在弹性失稳问题中， U_{P} 是 $\varDelta_i$ 的二次式。

在本节中，势能驻值条件是关于 $\varDelta_i$ 的非齐次线性方程组，有唯一解；在弹性失稳问题中，势能驻值条件是齐次线性方程组，属于特征值问题。

在本节中，满足势能驻值条件的解同时使势能为极小值；在弹性失稳问题中，该解只使势能为驻值，并不同时使其为极小值。

3. 余能原理

基于余能原理的解法实质上就是以能量形式表示的力法。

力法与位移法之间，余能原理与势能原理之间，存在多方面的对偶性。但要注意一个主要区别：力法与余能原理只适用于超静定结构，而位移法和势能原理却同时适用于静定和超静定结构。

在余能原理中，我们只考虑如下情况：荷载和支座位移都是给定量。

1）超静定结构的余能

考虑超静定结构的各种静力可能内力状态。超静定结构在静力可能内力状态下的余能 E_{C} 定义为两部分之和，见式（3-38）：

$$E_{\mathrm{C}} = V + V_{\mathrm{d}} \tag{3-38}$$

超静定结构在可能内力状态下的应变余能，用内力表示，其表示式由下式给出，见式（3-39）：

$$V = \sum \int \left[\varepsilon_0 F_N + \gamma_0 F_Q + \kappa_0 M + \frac{1}{2EA} F_N^2 + \frac{1}{2GA} F_Q^2 + \frac{1}{2EI} M^2 \right] \mathrm{d}s \quad （3-39）$$

V_d是结构的支座位移余能，即在给定的支座位移c上相应的支座反力F_R所作虚功总和的负值，见式（3-40）：

$$V_d = -\sum F_R c \quad （3-40）$$

因此，超静定结构的余能可用内力表示如下，见式（3-41）：

$$E_C = \sum \int \left[\varepsilon_0 F_N + \gamma_0 F_Q + \kappa_0 M + \frac{1}{2EA} F_N^2 + \frac{1}{2GA} F_Q^2 + \frac{1}{2EI} M^2 \right] \mathrm{d}s - \sum F_R c \quad （3-41）$$

2）余能驻值原理

超静定结构的余能驻值原理可表述如下：

在内力满足静力条件的前提下，如果与内力相应的应变还是几何可能应变，满足变形协调条件，则该内力必使其余能E_C为驻值；反之，在内力满足静力条件的前提下，如果内力还使余能E_C为驻值，则与该内力相应的应变必然满足变形协调条件。

超静定结构的余能驻值原理可用下列图式表示，见图3-11和式（3-42）：

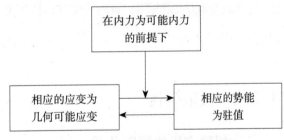

图3-11　超静定结构的余能驻值原理

$$k_{ij} = k_{ji} \quad （3-42）$$

如果超静定结构的内力既满足静力条件，其相应的应变又满足变形协调条件，则此内力就是结构的真实内力。因此，余能驻值原理又可表述为：

在所有可能内力中，真实内力使余能为驻值；反之，使余能为驻值的可能内力就是真实内力。

3）基于余能原理的解法

基于余能原理的解法可称为余能法。余能法基本上就是力法。唯一的差别是改用能量表述形式，把力法基本方程换成与其等价的余能驻值条件。

余能法包含以下步骤：

第一步，考虑静力条件，确定超静定结构的各种静力可能内力状态，其中含待定的内力参数X_i。这些内力参数在力法中称为力法的基本未知量。确定可能内力状态时，可以引入或不引入静定的基本体系。通常做法是引入静定基本体系的概念，并以其中的多余未知力作为待定参数X_i。

第二步，考虑物理条件，求出在可能内力状态下超静定结构的余能E_C。

第三步，应用余能驻值条件，从而求出基本内力参数X_i。这里的余能驻值条件就是以能量形式表示的几何条件，即力法的基本方程。

4）余能原理的几种特殊应用形式

在余能表示式（3–41）中，除考虑荷载的影响外，还可考虑支座位移和初应变的影响。式（3–38）是余能的一般表示式。

下面考虑几种特殊应用形式。

第一，如果支座位移为零，则支座位移余能V_d为零，而结构余能E_C退化为结构的应变余能V，即$E_C=V$。此时，余能驻值原理退化为应变余能驻值原理。应变余能驻值条件可根据克罗蒂–恩格塞定理及其公式$\Delta_i = \dfrac{\partial V}{\partial X_i}$导出。

第二，如果结构为线性弹性，支座位移为零，初应变为零，则静定基本体系的应变余能V与其应变能U彼此相等。此时余能驻值原理退化为应变能驻值原理。应变能驻值条件可根据卡氏第二定理及其公式$\Delta_i = \dfrac{\partial V}{\partial X_i}$导出。采用应变能驻值原理时应注意它的应用条件。

3.1.4 极限荷载

1. 超静定梁的极限荷载

1）超静定梁的破坏过程和极限荷载的特点

从上节的讨论中得知，在静定梁中，只要有一个截面出现塑性铰，梁就成为机构，从而丧失承载能力以致破坏。

超静定梁由于具有多余约束，因此必须有足够多的塑性铰出现，才能使其变为机构，从而丧失承载能力以致破坏，这是与静定梁不同的。

下面用图3–12（a）所示等截面梁为例，说明超静定梁由弹性阶段到弹塑性阶段，直至极限状态的过程。

弹性阶段$(F_P \leqslant F_{Ps})$的弯矩图如图3–12（b）所示，在固定端处弯矩最大。

当荷载超过F_{Ps}后，塑性区首先在固定端附近形成并扩大，然后在跨中截面也形成塑性区。此时随着荷载F_P的增加，弯矩图不断地变化，不再与弹性M图成比例。随着塑性区的扩大，在固定端截面形成第一个塑性铰，弯矩图如图3-12（c）所示。此时，在加载条件下，梁已转化为静定梁，但承载能力尚未达到极限值。

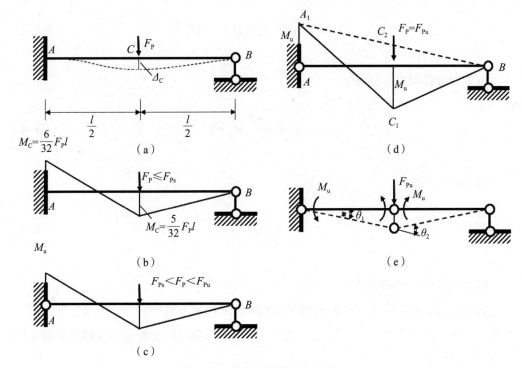

图3-12 等截面梁受力各阶段

（a）等截面梁原结构；（b）弹性阶段弯矩图；（c）塑性阶段弯矩图；（d）极限状态弯矩图；（e）极限荷载

当荷载再增加时，固定端的弯矩增量为零，荷载增量所引起的弯矩增量图相应于简支梁的弯矩图。当荷载增加到使跨中截面的弯矩达到 M_u 时，在该截面形成第二个塑性铰，于是梁即变为机构，而梁的承载力即达到极限值。此时的荷载称为极限荷载 F_{Pu}，相应的弯矩图如图3-12（d）所示。

极限荷载 F_{Pu} 可根据极限状态的弯矩图，由平衡条件推算出来。在图3-12（d）中，我们连接 A_1B 线，三角形 A_1C_1B 应是简支梁在荷载 F_{Pu} 作用下的弯矩图，故跨中竖距 $C_2C_1 = \dfrac{F_{Pu}l}{4}$；另一方面，$C_2C_1 = CC_1 + \dfrac{1}{2}AA_1 = 1.5M_u$，因此有式（3-43）

$$\frac{F_{Pu}l}{4} = 1.5M_u \qquad\qquad （3-43）$$

由此求得极限荷载，见式（3-44）：

$$F_{Pu} = \frac{6M_u}{l} \qquad\qquad （3-44）$$

另外，极限荷载F_{Pu}也可应用虚功原理来求。图3-12（e）所示为破坏机构的一种可能位移，设跨中弯矩为δ，则$\theta_1 = \dfrac{2\delta}{l}$，$\theta_2 = \dfrac{4\delta}{l}$，外力所作功为$W_i$，见式（3-45）：

$$W_i = -(M_u\theta_1 + M_u\theta_2) = -M_u\frac{6\delta}{l} \tag{3-45}$$

由虚功方程得式（3-46）：

$$F_{Pu}\delta - \frac{6\delta}{l}M_u = 0 \tag{3-46}$$

即得式（3-47）：

$$F_{Pu} = \frac{6M_u}{l} \tag{3-47}$$

因此同样得到相同的结果。

由此看出，超静定梁的极限荷载只需根据最后的破坏机构应用平衡条件即可得出。这种求极限荷载的方法，称为极限平衡法。据此，可概括出超静定结构极限荷载计算的一些特点如下：

（1）超静定结构极限荷载的计算无需考虑结构弹塑性变形的发展过程，只需考虑最后的破坏机构。

（2）超静定结构极限荷载的计算，只需考虑静力平衡条件，而无需考虑变性协调条件，因而比弹性计算简单。

（3）超静定结构的极限荷载，不受温度变化、支座移动等因素的影响。这些因素只影响结构变形的发展过程，而不影响极限荷载的数值。

2）连续梁的极限荷载

现在讨论连续梁破坏机构的可能形式。设梁在每一跨度内为等截面，但各跨的截面可以彼此不同。又设荷载的作用方向彼此相同，并按比例增加。在上述情况下可以证明：连续梁只可能在各跨独立形成破坏机构（图3-13a、b），而不可能由相邻几跨联合形成破坏机构（图3-13c）。

事实上，如果荷载同为向下作用，则每跨内的最大负弯矩只可能在跨度两端出现，因此对于等截面梁来说，负塑性铰只可能在两端出现，故每跨内为等截面的连续梁，只可能在各跨内独立形成破坏机构。

根据这一特点，我们可先对每一个单跨破坏机构分别求出相应的破坏荷载，然后取其中的最小值，这样便得到连续梁的极限荷载。

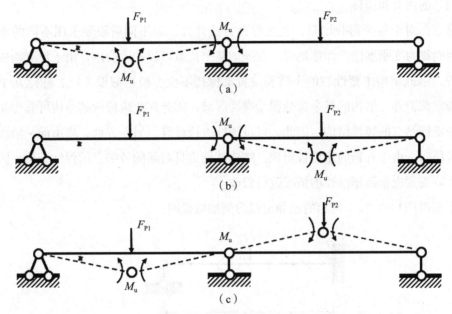

图3-13 连续梁破坏结构
（a）连续梁左跨单独破坏；（b）连续梁右跨单独破坏；（c）相邻跨联合形成破坏机构

2．刚架的极限荷载

刚架极限荷载的求法很多，本节介绍一种适合于用计算机求解的，以矩阵位移法为基础的增量变刚度法，简称为增量法或变刚度法。

在下面的讨论中，我们采用以下假设：

（1）当出现塑性铰时，假设塑性区退化为一个截面（塑性铰处的截面），而其余部分仍为弹性区。

（2）荷载按比例增加（即整个荷载可用一个荷载参数 F_P 表示），且为节点荷载，因而塑性铰只出现在节点处。如有非节点荷载，则可把荷载作用截面当做节点处理。

（3）每个杆件的极限弯矩为常数，但各杆的极限弯矩可不相同。

（4）忽略剪力和轴力对极限弯矩的影响。

1）增量变刚度法的基本思路

把原来的非线性问题转化为分阶段的几个线性问题，这就是增量变刚度法的基本思路。

这个方法有两个特点：

第一，把总的荷载分成几个荷载增量，进行分阶段计算，因而叫做增量法。详细地说，我们以新塑性铰的出现作为分界标志，把加载的全过程分成几个阶段：由弹性阶段开始，然后过渡到一个塑性铰阶段，再过渡到两个塑性铰阶段等，最后达到结构的极限状态。每一个阶段有一个相应的荷载增量，由此可算出相应的内力和位移增量，累加后便得到总的内力和位移。

第二，对于每个荷载增量，仍按弹性方法计算，但不同阶段要采用不同的刚度矩阵，因而称为变刚度法。详细地说，在施加某个荷载增量的阶段内，由于没有新的塑性铰出现，因此结构中塑性铰的个数和位置都保持不变。根据假设（1），除这几个塑性铰的指定截面外，结构的其余部分都是弹性区域，因此在此阶段内的结构可看作是具有几个指定铰结点的弹性结构。因此，可按弹性方法计算。另一方面，当由前一阶段转到新的阶段时，由于有新的塑性铰出现，结构就变为具对新的铰结点的弹性结构，因而其刚度矩阵需要根据新塑性铰的情况进行修改。

下面以图3-14（a）所示的超静定梁为例加以说明。

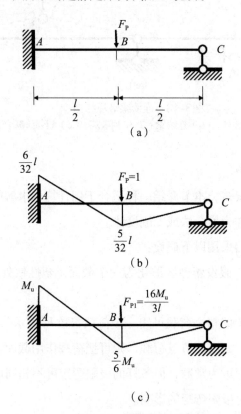

图3-14　超静定梁示意图
（a）原结构受力示意图；（b）单位弯矩图；（c）弯矩图

（1）弹性阶段

从零荷载开始直到第一个塑性铰出现为止为弹性阶段。

为了确定在何时何处出现第一个塑性铰，先求结构在单位荷载 $F_P = 1$ 作用下所引起的单位弯矩图，如图3-14（b）所示。其中控制截面 A 和 B 的单位弯矩组成单位弯矩向量

$\overline{M}_1$ 如下，见式（3-48）：

$$\overline{M}_1^{\mathrm{T}} = \left(\frac{6}{32}l \quad \frac{5}{32}l \right) \tag{3-48}$$

其次将控制截面 A 和 B 的极限弯矩和单位弯矩相比，可得式（3-49）：

$$\left(\frac{M_{\mathrm{u}}}{\overline{M}_1} \right)^{\mathrm{T}} = \left(\frac{32M_{\mathrm{u}}}{6l} \quad \frac{32M_{\mathrm{u}}}{5l} \right) \tag{3-49}$$

其中的最小比值发生在 A 点，其值为式（3-50）：

$$\left(\frac{M_{\mathrm{u}}}{\overline{M}_1} \right)_{\min} = \frac{16M_{\mathrm{u}}}{3l} \tag{3-50}$$

上述最小比值我们用 F_{P1} 来表示，即式（3-51）：

$$F_{\mathrm{P}} = F_{\mathrm{P1}} = \frac{16M_{\mathrm{u}}}{3l} \tag{3-51}$$

当荷载增大到 F_{P1} 时，梁的弯矩为式（3-52）：

$$M_1 = F_{\mathrm{P1}}\overline{M}_1 \tag{3-52}$$

弯矩图如图 3-14（c）所示，相应的弯矩向量 M_1 为式（3-53）：

$$M_1^{\mathrm{T}} = F_{\mathrm{P1}}\overline{M}_1^{\mathrm{T}} = \frac{16M_{\mathrm{u}}}{3l}\left(\frac{3}{16}l \quad \frac{5}{32}l \right) = \left(M_{\mathrm{u}} \quad \frac{5}{6}M_{\mathrm{u}} \right) \tag{3-53}$$

由此看出，当荷载 $F_{\mathrm{P}} = F_{\mathrm{P1}}$ 时，在截面 A 出现第一个塑性铰，这就是弹性阶段终结的标志。

（2）一个塑性铰阶段

从一个塑性铰形成以后到第二个塑性铰出现以前，这个阶段为一个塑性铰阶段。在此阶段中，截面 A 应改为单向铰结点，因而结构被修改成简支梁，如图 3-15（a）所示。

为了确定在何时何处第二个塑性铰出现，先求修改后的结构在单位荷载 $F_{\mathrm{P}} = 1$ 作用下所引起的弯矩图（$\overline{M}_2$ 图），如图 3-15（b）所示。其中控制截面 B 的单位弯矩为 $l/4$。显然，第二个塑性铰会在截面 B 出现。

第二个塑性铰出现时所需施加的荷载增量 ΔF_{P2} 可按下式（3-54）确定：

$$\Delta F_{P2} = \left(\frac{M_u - M_1}{\overline{M}_2} \right)_B \tag{3-54}$$

其中分子是截面 B 的极限弯矩 M_u 与弹性阶段终结时弯矩 M_1 的差值，分母是截面 B 的单位弯矩 $\overline{M}_2$。因此，得式（3-55）：

$$\Delta F_{P2} = \frac{M_u - \dfrac{5}{6}M_u}{\dfrac{l}{4}} = \frac{2M_u}{3l} \tag{3-55}$$

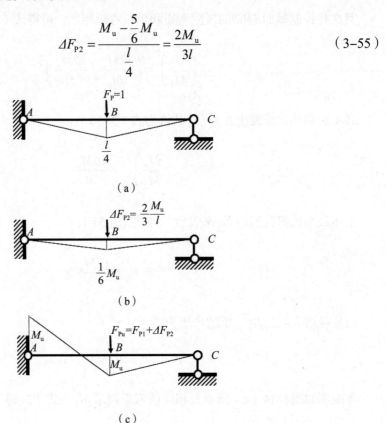

图3-15　塑性铰阶段弯矩图

（a）$\overline{M}_2$ 图；（b）ΔM_2 图；（c）$M_1 + \Delta M_2$ 弯矩图

此荷载增量引起的弯矩增量为 ΔM_2，见式（3-56）：

$$\Delta M_2 = \overline{M}_2 \left(\Delta F_{P2} \right) = \frac{2M_u}{3l} \overline{M}_2 \tag{3-56}$$

ΔM_2 图如图3-15（b）所示。

（3）极限状态

出现两个塑性铰后，结构已成为单向机构，从而达到极限状态。将前面两个阶段的弯矩相加，便得到极限状态的弯矩 M，见式（3-57）：

$$M = M_1 + \Delta M_2 \tag{3-57}$$

弯矩图如图3-15（c）所示。

极限荷载 F_{Pu} 为式（3-58）：

$$F_{Pu} = F_{P1} + F_{P2} = \frac{16M_u}{3l} + \frac{2M_u}{3l} = \frac{6M_u}{l} \qquad （3-58）$$

2）单元刚度矩阵的修正

当有新的塑性铰出现时，结构中出现新的铰结点，而在一些单元中，杆端应修改为铰支端。

当单元两端为刚结时（图3-16a），单元的刚度矩阵为式（3-59）：

$$\bar{\boldsymbol{k}}^e = \begin{pmatrix} \dfrac{EA}{l} & 0 & 0 & -\dfrac{EA}{l} & 0 & 0 \\[2mm] 0 & \dfrac{12i}{l^2} & \dfrac{6i}{l} & 0 & -\dfrac{12i}{l^2} & \dfrac{6i}{l} \\[2mm] 0 & \dfrac{6i}{l} & 4i & 0 & -\dfrac{6i}{l} & 2i \\[2mm] -\dfrac{EA}{l} & 0 & 0 & \dfrac{EA}{l} & 0 & 0 \\[2mm] 0 & -\dfrac{12i}{l^2} & -\dfrac{6i}{l} & 0 & \dfrac{12i}{l^2} & -\dfrac{6i}{l} \\[2mm] 0 & \dfrac{6i}{l} & 2i & 0 & -\dfrac{6i}{l} & 4i \end{pmatrix} \qquad （3-59）$$

采用类似的方法，可得到杆端出现塑性铰时的单元刚度矩阵。

单元中出现杆端铰的情况有下列三种：

（1）在 $\bar{1}$ 端出现塑性铰（图3-16b）

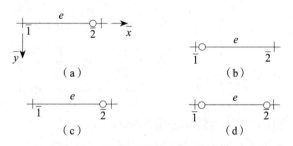

图3-16　不同位置塑性铰示意图

（a）坐标轴方向示意图；（b）$\bar{1}$端出现塑性铰；（c）$\bar{2}$端出现塑性铰；（d）在$\bar{1}$和$\bar{2}$端同时出现塑性铰

当 $\overline{1}$ 端为铰结，$\overline{2}$ 端为刚结时，杆端弯矩和剪力可写出如式（3-60）：

$$
\left.
\begin{aligned}
M_1 &= 0 \\
M_2 &= \frac{3i}{l}\left(\upsilon_1 - \upsilon_2\right) + 3i\theta_2 \\
Y_1 &= -Y_2 = \frac{M_2}{l} = \frac{3i}{l^2}\left(\upsilon_1 - \upsilon_2\right) + \frac{3i}{l}\theta_2
\end{aligned}
\right\}
\tag{3-60}
$$

因此，单元刚度矩阵为式（3-61）：

$$
\overline{\boldsymbol{k}}_{\overline{1}}^{e} =
\begin{pmatrix}
\dfrac{EA}{l} & 0 & 0 & -\dfrac{EA}{l} & 0 & 0 \\[6pt]
0 & \dfrac{3i}{l^2} & 0 & 0 & -\dfrac{3i}{l^2} & \dfrac{3i}{l} \\[6pt]
0 & 0 & 0 & 0 & 0 & 0 \\[6pt]
-\dfrac{EA}{l} & 0 & 0 & \dfrac{EA}{l} & 0 & 0 \\[6pt]
0 & -\dfrac{3i}{l^2} & 0 & 0 & \dfrac{3i}{l^2} & -\dfrac{3i}{l} \\[6pt]
0 & \dfrac{3i}{l} & 0 & 0 & -\dfrac{3i}{l} & 3i
\end{pmatrix}
\tag{3-61}
$$

这里下标 $\overline{1}$ 表示在 $\overline{1}$ 端为铰结。

（2）在 $\overline{2}$ 端出现塑性铰（图3-16c）

单元刚度矩阵为式（3-62）。

$$
\overline{\boldsymbol{k}}_{\overline{2}}^{e} =
\begin{pmatrix}
\dfrac{EA}{l} & 0 & 0 & -\dfrac{EA}{l} & 0 & 0 \\[6pt]
0 & \dfrac{3i}{l^2} & \dfrac{3i}{l} & 0 & -\dfrac{3i}{l^2} & 0 \\[6pt]
0 & \dfrac{3i}{l} & 3i & 0 & -\dfrac{3i}{l} & 0 \\[6pt]
-\dfrac{EA}{l} & 0 & 0 & \dfrac{EA}{l} & 0 & 0 \\[6pt]
0 & -\dfrac{3i}{l^2} & -\dfrac{3i}{l} & 0 & \dfrac{3i}{l^2} & 0 \\[6pt]
0 & 0 & 0 & 0 & 0 & 0
\end{pmatrix}
\tag{3-62}
$$

（3）在 $\overline{1}$ 和 $\overline{2}$ 端同时出现塑性铰（图3-16d）

单元刚度矩阵为式（3-63）。

$$\overline{\boldsymbol{k}}_{\overline{2}}^{e} = \begin{pmatrix} \dfrac{EA}{l} & 0 & 0 & -\dfrac{EA}{l} & 0 & 0 \\ 0 & 0 & 0 & 0 & 0 & 0 \\ 0 & 0 & 0 & 0 & 0 & 0 \\ -\dfrac{EA}{l} & 0 & 0 & \dfrac{EA}{l} & 0 & 0 \\ 0 & 0 & 0 & 0 & 0 & 0 \\ 0 & 0 & 0 & 0 & 0 & 0 \end{pmatrix} \qquad (3\text{--}63)$$

3）计算步骤

现将增量变刚度法求刚架极限荷载的具体步骤给出如下（我们讨论比例加载的情况，整个荷载可用一个荷载参数 F_{P} 表示）：

首先，进行第一个阶段的计算。

（1）设原刚架承受单位荷载 $F_{P}=1$ 的作用。应用矩阵位移法求解，先形成整体刚度矩阵 $\boldsymbol{K}$，由此可求出刚架的结点位移。然后利用单元刚度矩阵 $\overline{\boldsymbol{k}}^{e}$ 可求出各单元的杆端内力，此时各控制截面弯矩组成单位弯矩向量 $\overline{\boldsymbol{M}}_{1}$。

（2）将各控制截面的极限弯矩 M_{u} 与单位弯矩 $\overline{M}_{1}$ 相比，得出向量 $\left(\dfrac{M_{u}}{\overline{M}_{1}}\right)$，其中的最小元素即为第一阶段终结时的荷载 F_{P1}，见式（3-64）：

$$F_{P1} = \left(\dfrac{M_{u}}{\overline{M}_{1}}\right)_{\min} \qquad (3\text{--}64)$$

在荷载 F_{P1} 作用下各控制截面的弯矩为式（3-65）

$$\boldsymbol{M}_{1} = F_{P1}\overline{\boldsymbol{M}}_{1} \qquad (3\text{--}65)$$

这时第一个塑性铰出现在单元 e_{1} 的 $\overline{i}_{1}$ 端（ $\overline{i}_{1}=\overline{1}$ 或 $\overline{2}$ ），而第一阶段即告结束。

其次，进行第二阶段的计算。

（3）由于 e_{1} 单元的 $\overline{i}_{1}$ 端出现塑性铰，故应按照式（3-60）或式（3-61）把 e_{1} 单元的单元刚度矩阵修改为 $\overline{\boldsymbol{k}}_{\overline{i}_{1}}^{e_{1}}$。同时，整体刚度矩阵修改为 $\boldsymbol{K}_{2}$。

（4）检验 $\boldsymbol{K}_{2}$ 是否为奇异矩阵，即矩阵 $\boldsymbol{K}_{2}$ 的行列式是否为零。

如果 $|\boldsymbol{K}_{2}| \neq 0$，则表明结构尚未达到极限状态，还可以承受更大的荷载。

令修改后的结构承受单位荷载 $F_{P}=1$，利用矩阵 $\boldsymbol{K}_{2}$ 可求出刚架的结点位移，然后利用单元刚度矩阵 $\overline{\boldsymbol{k}}^{e}$ 或修改后的单元刚度矩阵 $\overline{\boldsymbol{k}}_{\overline{i}_{1}}^{e_{1}}$ 求出各单元的杆端内力。此时，各控制截面的弯矩组成新的单位矩阵向量 $\overline{\boldsymbol{M}}_{2}$。

（5）将各控制截面的弯矩差值（ $M_{u}-M_{1}$ ）与单位弯矩 $\overline{M}_{2}$ 相比，得出向量 $\left(\dfrac{M_{u}-M_{1}}{\overline{M}_{2}}\right)$，

取其中的最小元素作为第二阶段的荷载增量 ΔF_{P2}，见式（3-66）：

$$F_{P2} = \left(\frac{M_u - M_1}{\overline{M}_2} \right)_{min} \qquad (3-66)$$

在荷载增量 ΔF_{P2} 作用下各控制截面的弯矩增量为式（3-67）：

$$\Delta M_2 = \Delta F_{P2} \overline{M}_2 \qquad (3-67)$$

荷载和弯矩的累加值为式（3-68）和式（3-69）：

$$F_{P2} = F_{P1} + \Delta F_{P2} \qquad (3-68)$$

$$M_2 = M_1 + \Delta M_2 = F_{P1}\overline{M}_1 + \Delta F_{P2}\overline{M}_2 \qquad (3-69)$$

这时第二个塑性铰出现在单元 e_2 的 $\bar{i}_2$ 端，而第二阶段即告结束。

（6）仿照前面第（3）、（4）、（5）步进行各阶段的计算，直到第 n 阶段出现 $|K_n| = 0$ 为止，这时结构已成为机构，达到极限状态，而荷载的累加值即为极限荷载 F_{Pu}，见式（3-70）：

$$F_{Pu} = F_{P1} + \Delta F_{P2} + \cdots + \Delta F_{Pn-1} \qquad (3-70)$$

最后指出，在上述计算中均假定在加载过程中，已经形成的塑性铰不再受到反向变形而恢复其弹性作用。如果结构的实际变形不符合上述假定，则上述算法需要修改。

3.2 有限元方法及基本原理

3.2.1 矩阵位移法

用矩阵位移法计算平面刚架的步骤如下：

1. 局部编码

图3-17所示为平面刚架中的一个等截面直杆单元 e。设杆件除弯曲变形外，还有轴向变形。左右两端各有三个位移分量（两个移动、一个转动），杆件共有六个杆端位移分量，这是平面结构杆件单元的一般情况。设杆长为 l，截面面积为 A，截面惯性矩为

I，弹性模量为E。单元的两个端点采用局部编码1和2。由端点1到端点2的方向规定为杆轴的正方向，在图中用箭头标明。

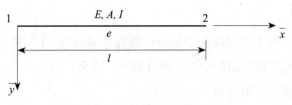

图3-17　等截面直杆单元

图中采用坐标系$\overline{xy}$，其中$\overline{x}$轴与杆轴重合。这个坐标系称为单元坐标系或局部坐标系。字母$\overline{x}$、$\overline{y}$的上面都划上一横，作为局部坐标系的标志。在局部坐标系中，一般单元的每端各有三个位移分量$\overline{u}$、$\overline{v}$、$\overline{\theta}$和对应的三个力分量$\overline{F}_x$、$\overline{F}_y$、$\overline{M}$。图3-18中所示的位移、力分量方向为正方向。

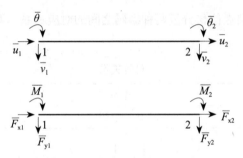

图3-18　位移、力分量正方向

单元的六个杆端位移分量和六个杆端力分量按一定顺序排列，形成单元杆端位移向量$\overline{\boldsymbol{\Delta}}^e$和单元杆端力向量$\overline{\boldsymbol{F}}^e$如下，见式（3-71）：

$$\left.\begin{aligned}\overline{\boldsymbol{\Delta}}^e &= \begin{pmatrix} \overline{\boldsymbol{\Delta}}_{(1)} & \overline{\boldsymbol{\Delta}}_{(2)} & \overline{\boldsymbol{\Delta}}_{(3)} & \overline{\boldsymbol{\Delta}}_{(4)} & \overline{\boldsymbol{\Delta}}_{(5)} & \overline{\boldsymbol{\Delta}}_{(6)} \end{pmatrix}^{e\mathrm{T}} \\ &= \begin{pmatrix} \overline{u}_1 & \overline{v}_1 & \overline{\theta}_1 & \overline{u}_2 & \overline{v}_2 & \overline{\theta}_2 \end{pmatrix}^{e\mathrm{T}} \\ \overline{\boldsymbol{F}}^e &= \begin{pmatrix} \overline{F}_{(1)} & \overline{F}_{(2)} & \overline{F}_{(3)} & \overline{F}_{(4)} & \overline{F}_{(5)} & \overline{F}_{(6)} \end{pmatrix}^{e\mathrm{T}} \\ &= \begin{pmatrix} \overline{F}_{x1} & \overline{F}_{y1} & \overline{M}_1 & \overline{F}_{x2} & \overline{F}_{y2} & \overline{M}_2 \end{pmatrix}^{e\mathrm{T}} \end{aligned}\right\} \qquad (3\text{-}71)$$

向量中的六个元素的序码记为（1），（2），…，（6）。由于它们是在每个单元中各自编码的（不是在刚架所有单元中统一编码的），因此称为局部码——杆端位移分量（或杆端力分量）的局部码。数码（1），（2），…都加上括号，作为局部码的标志。

2．总体编码

在单元分析中，每个单元的两个结点位移各自编码为（1）和（2），称为局部码。在整体分析中，结点位移在结构中统一进行编码，称为总码。

用图3-19所示例子简单介绍。

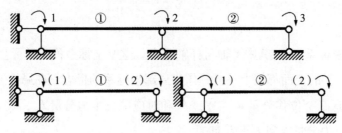

图3-19　单元结点位移编码

注意每个单元的结点位移分量两种编码之间的对应关系。对应关系如表3-1所示。

对应关系　　　　　　　　　　　　　　　　　　　　　　表3-1

单元	对应关系		单元定位向量 λ^e
	局部码→总码		
①	（1）→1 （2）→2		$\lambda^1 = \begin{pmatrix} 1 \\ 2 \end{pmatrix}$
②	（1）→2 （2）→3		$\lambda^1 = \begin{pmatrix} 2 \\ 3 \end{pmatrix}$

由单元的结点位移总码组成的向量称为"单元定位向量"，记为 λ^e。单元两种编码的对应关系即由单元定位向量来表示。

3．形成局部坐标系中的单元刚度矩阵 $\bar{k}^e$

为了建立单元刚度方程，我们按照位移法基本体系的作法，在杆件两端加上人为控制的附加约束，使基本体系在两端发生指定的位移 $\bar{\Delta}^e$。然后根据 $\bar{\Delta}^e$ 来推算相应的杆端力 $\bar{F}^e$。

我们忽略轴向受力状态和变形受力状态之间的相互影响，经过推导，写成矩阵形式如下，见式（3-72）：

$$
\begin{pmatrix} \overline{F}_{x1} \\ \overline{F}_{y1} \\ \overline{M}_1 \\ \overline{F}_{x2} \\ \overline{F}_{y2} \\ \overline{M}_2 \end{pmatrix}^e = \begin{pmatrix} \dfrac{EA}{l} & 0 & 0 & -\dfrac{EA}{l} & 0 & 0 \\ 0 & \dfrac{12EI}{l^3} & \dfrac{6EI}{l^2} & 0 & -\dfrac{12EI}{l^3} & \dfrac{6EI}{l^2} \\ 0 & \dfrac{6EI}{l^2} & \dfrac{4EI}{l} & 0 & -\dfrac{6EI}{l^2} & \dfrac{2EI}{l} \\ -\dfrac{EA}{l} & 0 & 0 & \dfrac{EA}{l} & 0 & 0 \\ 0 & -\dfrac{12EI}{l^3} & -\dfrac{6EI}{l^2} & 0 & \dfrac{12EI}{l^3} & -\dfrac{6EI}{l^2} \\ 0 & \dfrac{6EI}{l^2} & \dfrac{2EI}{l} & 0 & -\dfrac{6EI}{l^2} & \dfrac{4EI}{l} \end{pmatrix}^e \begin{pmatrix} \overline{u}_1 \\ \overline{v}_1 \\ \overline{\theta}_1 \\ \overline{u}_2 \\ \overline{v}_2 \\ \overline{\theta}_2 \end{pmatrix}^e \qquad (3\text{-}72)
$$

上式可记为式（3-73）：

$$
\overline{\boldsymbol{F}}^e = \overline{\boldsymbol{k}}^e \overline{\boldsymbol{\varLambda}}^e \qquad\qquad (3\text{-}73)
$$

其中单元刚度矩阵见式（3-74）：

$$
\overline{\boldsymbol{k}}^e = \begin{pmatrix} \dfrac{EA}{l} & 0 & 0 & -\dfrac{EA}{l} & 0 & 0 \\ 0 & \dfrac{12EI}{l^3} & \dfrac{6EI}{l^2} & 0 & -\dfrac{12EI}{l^3} & \dfrac{6EI}{l^2} \\ 0 & \dfrac{6EI}{l^2} & \dfrac{4EI}{l} & 0 & -\dfrac{6EI}{l^2} & \dfrac{2EI}{l} \\ -\dfrac{EA}{l} & 0 & 0 & \dfrac{EA}{l} & 0 & 0 \\ 0 & -\dfrac{12EI}{l^3} & -\dfrac{6EI}{l^2} & 0 & \dfrac{12EI}{l^3} & -\dfrac{6EI}{l^2} \\ 0 & \dfrac{6EI}{l^2} & \dfrac{2EI}{l} & 0 & -\dfrac{6EI}{l^2} & \dfrac{4EI}{l} \end{pmatrix}^e \qquad (3\text{-}74)
$$

矩阵 $\overline{\boldsymbol{k}}^e$ 称为局部坐标系中的单元刚度矩阵。

4. 形成整体坐标系中的单元刚度矩阵 $\boldsymbol{k}^e$

在一个复杂结构中，各个杆件的杆轴方向不尽相同，各自的局部坐标系也不尽相同，很不统一。为了便于进行整体分析，必须选用一个统一的公共坐标系，称为整体坐标系。为了区别，用 $\overline{x}$、$\overline{y}$ 表示局部坐标，用 x、y 表示整体坐标。

为了推导整体坐标系中的单元刚度矩阵 $\boldsymbol{k}^e$，我们采用坐标变换的方法。第一步，先讨论两种坐标系中单元杆端力的转换式，得出单元坐标转换矩阵；第二步，再讨论两种坐标系中单元刚度矩阵的转换式。

①单元坐标转换矩阵

首先分析单元杆端力在不同坐标系中的关系。图3-18所示为一单元e，其局部坐标系为$O\bar{x}\bar{y}$，整体坐标系为Oxy，由x轴到$\bar{x}$轴的夹角α以顺时针转向为正。局部坐标系中的杆端力分量用$\bar{F}_x^e$、$\bar{F}_y^e$、$\bar{M}^e$表示。局部坐标系中的杆端力分量用F_x^e、F_y^e、M^e表示。显然，二者有下列关系，见式（3-75）：

$$\left.\begin{array}{l} \bar{F}_{x1}^e = F_{x1}^e \cos\alpha + \bar{F}_{y1}^e \sin\alpha \\[4pt] \bar{F}_{y1}^e = -F_{x1}^e \sin\alpha + \bar{F}_{y1}^e \cos\alpha \\[4pt] \bar{M}_1^e = M_1^e \\[4pt] \bar{F}_{x2}^e = F_{x2}^e \cos\alpha + \bar{F}_{y2}^e \sin\alpha \\[4pt] \bar{F}_{y2}^e = -F_{x2}^e \sin\alpha + \bar{F}_{y2}^e \cos\alpha \\[4pt] \bar{M}_2^e = M_2^e \end{array}\right\} \qquad (3-75)$$

将式（3-75）写成矩阵形式，见式（3-76）：

$$\begin{pmatrix} \bar{F}_{x1}^e \\ \bar{F}_{y1}^e \\ \bar{M}_1^e \\ \bar{F}_{x2}^e \\ \bar{F}_{y2}^e \\ \bar{M}_2^e \end{pmatrix}^e = \left(\begin{array}{ccc|ccc} \cos\alpha & \sin\alpha & 0 & 0 & 0 & 0 \\ -\sin\alpha & \cos\alpha & 0 & 0 & 0 & 0 \\ 0 & 0 & 1 & 0 & 0 & 0 \\ \hline 0 & 0 & 0 & \cos\alpha & \sin\alpha & 0 \\ 0 & 0 & 0 & -\sin\alpha & \cos\alpha & 0 \\ 0 & 0 & 0 & 0 & 0 & 1 \end{array}\right)^e \begin{pmatrix} F_{x1} \\ F_{y1} \\ M_1 \\ F_{x2} \\ F_{y2} \\ M_2 \end{pmatrix}^e \qquad (3-76)$$

或简写为式（3-77）：

$$\bar{\boldsymbol{F}}^e = \boldsymbol{T}\boldsymbol{F}^e \qquad (3-77)$$

式中，$\boldsymbol{T}$称为单元坐标转换矩阵，见式（3-78）。

$$\boldsymbol{T} = \left(\begin{array}{ccc|ccc} \cos\alpha & \sin\alpha & 0 & 0 & 0 & 0 \\ -\sin\alpha & \cos\alpha & 0 & 0 & 0 & 0 \\ 0 & 0 & 1 & 0 & 0 & 0 \\ \hline 0 & 0 & 0 & \cos\alpha & \sin\alpha & 0 \\ 0 & 0 & 0 & -\sin\alpha & \cos\alpha & 0 \\ 0 & 0 & 0 & 0 & 0 & 1 \end{array}\right) \qquad (3-78)$$

②整体坐标系中的单元刚度矩阵

单元杆端力与杆端位移在整体坐标系中的关系式可写为式（3-79）：

$$F^e = k^e \Delta^e \qquad\qquad (3-79)$$

其中 k^e 称为在整体坐标系中的单元刚度矩阵，见式（3-80）。

$$k^e = T^T \bar{k}^e T \qquad\qquad (3-80)$$

式（3-80）就是在两种坐标系中单元刚度矩阵的转换关系。只需要求出单元转换矩阵 T，就可以由 $\bar{k}^e$ 计算 k^e。

5．用单元集成法形成整体刚度矩阵 K

我们将单元集成法分解为两步：第1步是将 k^e 中的元素按照单元定位向量 λ^e 在 K^e 中定位，第2步是将各 K^e 中的元素累加。这样作的目的是为了便于理解。

在单元集成法的实施方案中，我们将两步合成一步，采用"边定位""边累加"的办法，由 k^e 直接形成 K。这样作的目的是为了使计算程序更为简洁。

详细地说，按照单元集成法形成 K 的过程就是依次将每个 k^e 的元素在 K 中按 λ^e 定位并进行累加的过程。过程的每一步骤可列出如下：

①先将 K 置零，这时 $K = 0$；

②将 $k^{①}$ 的元素在 K 中按 $\lambda^{①}$ 定位并进行累加，这时 $K = K^{①}$；

③将 $k^{②}$ 的元素在 K 中按 $\lambda^{②}$ 的定位并进行累加，这时 $K = K^{①} + K^{②}$；

按此作法对所有单元循环一遍，最后即得到 $K = \sum\limits_e K^e$。

建立整体刚度方程见式（3-81）

$$F = K\Delta \qquad\qquad (3-81)$$

6．求局部坐标系的单元等效结点荷载 $\bar{P}^e$

转换成整体坐标系的单元等效结点荷载 P^e，用式（3-85）和式（3-82）；用单元集成法形成整体结构的等效结点荷载 P。

①等效结点荷载的概念

由于结构原来的荷载可以是非结点荷载，或是结点荷载，或是结点荷载与非结点荷载的组合。现在将原来的荷载换成与之等效的结点荷载。等效的原则是要求这两种荷载在基本结构中产生相同的结点约束力。也就是说，如果原来荷载在基本结构中引起的结

点约束力记为 F_P，则等效结点荷载 P 在基本结构中引起的结点约束力也应为 F_P。由此即可得出如下结论，见式（3-82）：

$$K\Delta = P \qquad\qquad (3-82)$$

②按单元集成法求整体结构的等效结点荷载

A．单元的等效结点荷载（局部坐标系）

先考虑局部坐标系。在单元两端加上六个附加约束，使两端固定。在给定荷载作用下，可求出六个固端约束力，它们组成固端约束力向量 $\overline{F}_P^e$，见式（3-83）：

$$\overline{F}_P^e = \begin{pmatrix} \overline{F}_{xP1} & \overline{F}_{yP1} & \overline{M}_{P1} & \overline{F}_{xP2} & \overline{F}_{yP2} & \overline{M}_{P2} \end{pmatrix}^T \qquad\qquad (3-83)$$

将固端约束力 $\overline{F}_P^e$ 反号，即得到单元等效结点荷载 $\overline{P}^e$（局部坐标系），见式（3-84）：

$$\overline{P}^e = -\overline{F}_P^e \qquad\qquad (3-84)$$

B．单元的等效结点荷载 P^e（整体坐标系）

现考虑整体坐标系。由坐标转换公式（3-77），得式（3-85）：

$$P^e = T^T \overline{P}^e \qquad\qquad (3-85)$$

C．整体结构的等效结点荷载 P

依次将每个 P^e 中的元素按单元定位向量 λ^e 在 P 中进行定位并累加，最后即得到 P。

7．解方程 $K\Delta = P$，求出结点位移 Δ

8．求各杆的杆端内力 $\overline{F}^e$，用下面的式（3-86）

各杆的杆端内力是由两部分组成：

一部分是在结点位移被约束住的条件下的杆端内力，即各杆的固端约束力 $\overline{F}_P^e$。

另一部分是刚架在等效结点荷载 P 作用下的杆端内力，可由式（3-73）求出。

将两部分内力叠加，即得式（3-86）：

$$\overline{F}^e = \overline{k}^e \overline{\Delta}^e + \overline{F}_P^e \qquad\qquad (3-86)$$

3.2.2　结构动力计算

研究结构振动问题的关键，是求得各惯性元件的位移随时间变化的历程，而要求得结构的这些位移，就必须首先由问题的力学模型建立数学模型，即运动方程。建立结构的运动方程是项重要的基础性工作，它为求解运动方程和分析结构的响应奠定了基础。

建立结构的运动方程有很多种方法，这些方法大致可以分为两大类：一是基于牛顿第二定律或达朗贝尔原理的动静法；二是基于能量原理与变分法的拉格朗日方程和哈密顿原理方法。第一类方法以力的平衡为基础，其力学概念比较清楚；第二类方法以能量原理和数学上的变分法为基础，主要是进行数学推导和变换，故又称为分析力学方法。关于达朗贝尔原理、拉格朗日方程和哈密顿原理的详细论述，请读者参阅理论力学和分析力学的有关书籍，这里只作扼要介绍。

1. 动静法

以一个简单的单自由度系统为例，如图3-20（a）所示的结构系统，设梁的弯曲刚度为 EI，长度为 l，质量忽略不计，端部的集中质量大小为 m，受激励力 $F(t)$ 作用。现将某时刻的质点取出来研究其受力平衡，根据牛顿第二定律有式（3-87）：

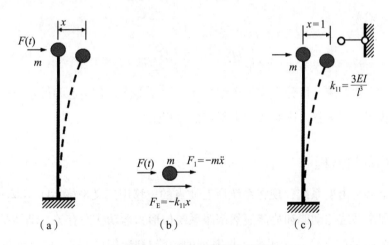

图3-20　单自由度结构系统
（a）原结构系统；（b）平衡状态；（c）弹簧刚度

$$F_E(t) + F(t) = ma \tag{3-87}$$

式中　　$F_E(t)$——梁对质点的弹性力；

　　　　a——质点的加速度。

将式（3-87）右边的 ma 移到左边，并引入惯性力得式（3-88）：

$$F_I(t) = -ma \tag{3-88}$$

式（3-88）中的负号表示惯性力的方向与加速度方向相反，于是有式（3-89）：

$$F_I(t) + F_E(t) + F(t) = 0 \qquad (3-89)$$

式（3-89）即达朗贝尔原理，它可以理解为，在加上惯性力之后，质点在其所受到的激励力 $F(t)$、弹性力 $F_E(t)$ 和惯性力 $F_I(t)$ 共同作用下处于平衡状态，即所谓动平衡，如图3-20b所示。

如果用 $x(t)$ 表示质点在 t 时刻的位移，则有 $a = \ddot{x}$，惯性力和弹性力可写为式（3-90）和式（3-91）：

$$F_I(t) = -m\ddot{x} \qquad (3-90)$$

$$F_E(t) = -k_{11}x \qquad (3-91)$$

式（3-91）中的负号表示弹性力方向与质点位移的方向相反，k_{11} 可理解为梁对质点的弹簧刚度，可用结构力学方法求得，即 $k_{11} = 3EI/l^3$，见图3-20c。于是式（3-91）可写成式（3-92）：

$$m\ddot{x} + k_{11}x = F(t) \qquad (3-92)$$

对于多自由度系统，可分别取每个惯性元件为隔离体，利用达朗贝尔原理建立其动平衡方程，从而得到多自由度系统动力平衡的方程组。

2. 拉格朗日方程

设有一个多自由度系统，现将系统所有质点的位移用广义坐标 $q_i(i = 1, 2, \cdots, n)$ 来表示，振动过程中系统的动能和势能显然都跟系统位形和运动状态有关，动能是广义速度的函数，而势能是广义位移的函数。将系统的动能 T 和势能 U 分别用广义速度和广义位移表示后，便可以由拉格朗日方程式（3-93）：

$$\frac{\mathrm{d}}{\mathrm{d}t}\left(\frac{\partial L}{\partial \dot{q}_i}\right) - \frac{\partial L}{\partial q_i} = F_i(t)(i = 1, 2, \cdots, n) \qquad (3-93)$$

用求导数的办法得到系统的动力平衡方程组，其中有式（3-94）：

$$L = T - U \qquad (3-94)$$

称为拉格朗日函数，$F_i(t)$ 为与广义坐标 q_i 相对应的非保守力。

如前面的悬臂梁的例子，其动能和势能表达式分别为式（3–95）和式（3–96）：

$$T = \frac{1}{2}mx^2 \qquad (3-95)$$

$$U = \frac{1}{2}k_{11}x^2 \qquad (3-96)$$

将式（3–95）和式（3–96）代入式（3–93），同样可以得到式（3–92）的动力学方程。

3．哈密顿原理

哈密顿原理是分析力学中的一个基本的变分原理，它给出了一条系统从一切可能的运动状态中判断真实运动状态的准则。它是这样描述的：对于任意时间段，例如从t_1到t_2时段，在一切可能的运动中，只有真实的运动使得某一物理量H取得极值。哈密顿于19世纪提出了这个物理量H的表达式，即式（3–97）：

$$H = \int_{t_1}^{t_2}\left(T - U + W_F\right)\mathrm{d}t \qquad (3-97)$$

式中　T——系统的动能；

　　　U——系统的势能；

　　W_F——非保守力所做的功。

这个物理量也称为哈密顿作用量。

根据变分原理，H取极值的条件为，其一阶变分等于零，即式（3–98）：

$$\delta H = 0 \qquad (3-98)$$

将系统的动能和势能以及外力做的功等物理量用广义位移表示，然后代入式（3–98），经过数学上的变分运算，便可得到系统的运动方程。仍以前面的悬臂梁为例，其哈密顿作用量为式（3–99）：

$$H = \int_{t_1}^{t_2}\left(T - U + W_F\right)\mathrm{d}t = \int_{t_1}^{t_2}\left[\frac{1}{2}mx^2 - \frac{1}{2}k_{11}x^2 + \int_0^y F(t)\mathrm{d}x\right]\mathrm{d}t \qquad (3-99)$$

现对式（3–99）进行变分运算，注意变分可与积分交换顺序，得式（3–100）：

$$\delta H = \delta \int_{t_1}^{t_2} \left[\frac{1}{2}m\dot{x}^2 - \frac{1}{2}k_{11}x^2 + \int_0^y F(t)\mathrm{d}x \right] \mathrm{d}t$$

$$= \int_{t_1}^{t_2} \delta \left[\frac{1}{2}m\dot{x}^2 - \frac{1}{2}k_{11}x^2 + \int_{0^-}^y F(t)\mathrm{d}x \right] \mathrm{d}t \qquad (3\text{-}100)$$

$$= \int_{t_1}^{t_2} \left[m\dot{x}\delta\dot{x} - k_{11}x\delta x + F(t)\delta x \right] \mathrm{d}t$$

对式（3-100）第一项，交换变分与微分的顺序，然后利用分部积分，并注意到有变分 δx 在积分上下限的值为零，得到式（3-101）：

$$\int_{t_1}^{t_2} m\dot{x}\delta\dot{x}\mathrm{d}t = \int_{t_1}^{t_2} m\dot{x}\mathrm{d}\delta x = m\dot{x}\delta\dot{x}\Big|_{t_1}^{t_2} - \int_{t_1}^{t_2} \delta x\mathrm{d}(m\dot{x}) = -\int_{t_1}^{t_2} m\ddot{x}\delta x\mathrm{d}t \qquad (3\text{-}101)$$

再代入式（3-100），并令其等于零，注意到变分x的任意性，得式（3-102）：

$$m\ddot{x} + k_{11}x = F(t) \qquad (3\text{-}102)$$

以上三种方法各具特点，可分别适用于不同形式的动力系统。动静法是借助于惯性力的概念，立足于力的平衡这样一个最基本的事实直接建立系统动力学平衡方程的方法，具体应用时会涉及惯性力、弹性力和阻尼力与加速度、位移和速度之间的关系，尤其是弹性力与系统位移之间的关系。而对工程结构这样的系统，这种关系相对来说比较容易求得，故动静法常用于建立工程结构这类系统的动力学方程。基于分析力学的拉格朗日方程和哈密顿原理，需要将系统的动能和势能用广义坐标来表示，对于由弹簧和刚体质量组成的机械系统，这种表达式比较容易得到，故这些分析力学的方法通常用于建立机械系统的动力学方程。但是对土木工程结构而言，要将系统的能量用系统的位形来表达是比较困难的，因而在建立工程结构类系统的动力学方程时通常不用这种方法。

3.2.3　几何非线性问题

在小变形假设前提下，即假定物体所发生的位移远小于物体自身的几何尺寸，所建立物体或微体的平衡条件时可以不考虑物体的位置和形状（简称位形）的变化，因此在线性分析中不必区别变形前后位形的差别，且应变可用一阶无穷小的线性应变表达。然而，也有很多不符合小变形假设的实际问题，例如板壳等薄壁结构在一定载荷作用下，尽管应变可能是小的，且不超过材料的弹性极限，但是位移较大，材料线元素有较大的转动，这时平衡方程应该相对于变形后的位置建立，而几何关系应该包括位移的二次项。又如平板大挠度理论中，由于考虑了中面内的薄膜应力，求得的挠度比小挠度理论的结果有很大程度的缩减。再如在薄壳的后屈曲问题中，载荷达到一定的数值后挠度与线性理论的预测值相比，将快速增加。此外，如金属的成形过程中的有限塑性变形、弹性体材料受载荷作用下可能出现的较大非线性弹性应变，是另一类大应变几何非线性问题。处理这类问题，除了采用非线性的平衡方程和几何关系外，还需要引入相应的应力应变关系。几何非线性通常指大应变、大转动和大挠度等。

1．大应变效应

一个结构的总刚度依赖于它的组成部件（单元）的方向和单元刚度。当一个单元的节点经历位移后那个单元对总体结构刚度的贡献可以以两种方式改变。首先，如果这个单元的形状改变，它的单元刚度将改变（图3-21a）。其次，如果这个单元的取向改变，它的局部刚度转化到全局部件的变换也将改变（图3-21b）。小的变形和小的应变分析假定位移小到足够使所得到的刚度改变无足轻重。这种刚度不变假定意味着使用基于最初几何形状的结构刚度的一次迭代足以计算出小变形分析中的位移（什么时候使用"小"变形和应变依赖于特定分析中要求的精度等级）相反，大应变分析考虑由单元的形状和取向改变导致的刚度改变。因为刚度受位移影响，且反之亦然，所以在大应变分析中需要迭代求解来得到正确的位移。

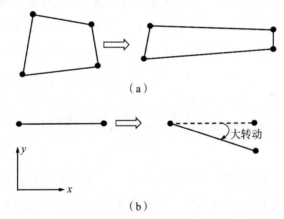

（a）

（b）

图3-21　单元对总体结构刚度的两种贡献

（a）大应变能影响局部（单元刚度）；（b）大转动能影响单元刚度对总体刚度的贡献

2．应力和应变度量

主要采用三种应变和应力的度量：①工程应变和工程应力；②对数应变和真实应力；③Green-Lagrange应变和第二Piola-Kirchhoff应力。下面通过一个简单的一维例子说明这些不同的应力和应变定义，如图3-22所示，某一端固定的直杆，受到轴力F的作用，假定原长度为l_0，初始面积A_0。

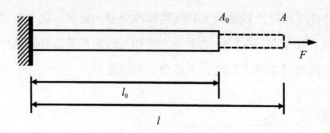

图3-22　固定的直杆受轴力F作用示意图

工程应变是小应变度量，用初始几何构形计算，由于工程应变依赖于已知的初始几何构形（如长度），因此工程应变度量是一个线性度量。工程应力是工程应变的共轭应力度量，其用当前力F和初始面积A_0来计算。图3-22中工程应变和工程应力分别定义为ε_1和σ，见式（3-103）：

$$\varepsilon_l = \frac{l}{l_0}, \quad \sigma = \frac{A}{l_0} \tag{3-103}$$

对数应变是一种大应变度量，该度量是一种非线性应变度量，因为它是未知的最终长度的非线性函数，也被称为对数应变。真实应力是对数应变的共轭一维应力度量，用力F除以当前（或变形的）面积A_0来计算，图3-22中对数应变和真实应力分别定义为ε_1和σ，见式（3-104）：

$$\varepsilon_l = \int_{l_0}^{l} \frac{\mathrm{d}l}{l} = Ln\left(\frac{l}{l_0}\right), \quad \sigma = \frac{A}{l} \tag{3-104}$$

Green-Lagrange应变是另外一种大应变度量，该度量依赖于未知的更新的长度l的平方，所以是非线性的，Green-Lagrange应变的共轭应力度量是第二Piola-Kirchhoff（S）。图3-22中Green-Lagrange应变和Piola-Kirchhoff应力分别定义为ε_G和S，见式（3-105）：

$$\varepsilon_G = \frac{1}{2}\left(\frac{l^2 - l_0^2}{l_0^2}\right), \quad S = \frac{l_0}{l}\frac{F}{A_0} \tag{3-105}$$

3．屈曲分析

屈曲分析是一种用于确定结构开始变得不稳定时的临界载荷和屈曲模态形状（结构

发生屈曲响应时的特征形状）的技术，非线性屈曲分析是一种典型而且重要的几何非线性分析，本节对屈曲分析的概念和过程进行详细介绍。

工程中经常出现的屈曲/失稳问题包括：板、壳、梁等薄壁结构的屈曲/后屈曲；蠕变屈曲；由材料局部承载力下降引起的局部失稳，如损伤开裂或软化等；压力加工过程中工件起皱和表面重叠。

特征值屈曲分析用于预测一个理想弹性结构的理论屈曲强度（分叉点）。该方法相当于教科书里的弹性屈曲分析方法。例如，一个柱体结构的特征值屈曲分析的结果，将与经典欧拉解相当。但是，初始缺陷和非线性使得很多实际结构都不是在其理论弹性屈曲强度处发生屈曲。因此，特征值屈曲分析经常得出非保守结果，通常不能用于实际的工程分析。

应力刚度矩阵可以加强或减弱结构的刚度，这依赖于刚度应力是拉应力还是压应力。对受压情况，当力增大时，弱化效应增加，当达到某个载荷时，弱化效应超过结构的固有刚度，此时没有了净刚度，位移无限增加，结构发生屈曲。

使用特征值的公式计算造成结构负刚度的应力刚度矩阵的比例因子，见式（3-106）。

$$([K] + \lambda[S])\{\psi\} = 0 \qquad (3-106)$$

式中　$[K]$——刚度矩阵；

　　$[S]$——应力刚度矩阵；

　　$\{\psi\}$——位移特征矢量；

　　λ——特征值（也叫作比例因子或载荷因子）。

利用上面的特征值公式可以决定结构的分叉点，分叉点是指两条载荷–变形曲线的相交点。具有分叉屈曲的结构在达到屈曲载荷之前其位移–变形曲线表现出线性关系，达到屈曲载荷之后，曲线将跟随另外的路线，分叉屈曲的典型例子是欧拉梁和薄的轴向加载的圆柱壳。

由于特征值屈曲不考虑任何非线性和初始扰动，因此它只是一种理想解，利用特征值屈曲分析可以预测出屈曲载荷的上限，然而在通常情况下我们都期望得到保守载荷（下限）。特征值屈曲分析的优点是计算快。在进行非线性屈曲分析之前可以利用线性屈曲分析了解屈曲形状。

3.2.4　SAP2000和ANSYS的介绍及常规操作

1．SAP2000介绍及常规操作

SAP2000是由美国Computers and Structures Inc.（CSI）公司开发研制的通用结构分

析与设计软件。SAP2000已有近四十年的发展历史，是美国乃至全球公认的结构分析计算程序，在世界范围内广泛应用。

SAP2000采用基于对象的非线性有限元技术，成为集成化的结构工程软件，重新定义有限元技术发展水平。SAP2000可以模拟能量耗散装置、管道系统、逐步倒塌分析、材料非线性等一系列的特性，基于对象的有限元技术可以采用复杂的自动网格划分功能；SAP2000强大的分析功能包括：顺序施工、Pushover分析、混凝土徐变与收缩、冲击分析、多级激励、基础隔震与阻尼器、大位移分析、土壤结构相互作用、屈曲分析、频域分析等，几乎覆盖结构工程中的所有计算分析问题。

SAP2000具有集成化的用户界面。模型的建立、运行、设计以及分析结果的显示都在同一个界面下进行。SAP2000的操作界面是完全的三维环境，在多视图环境下可以进行平面、立面、三维建模以及实时动态显示，配合功能强大的视图管理功能，是真正意义上的空间有限元分析软件。

1）集成化用户界面组成

图3-23为SAP2000图形界面。

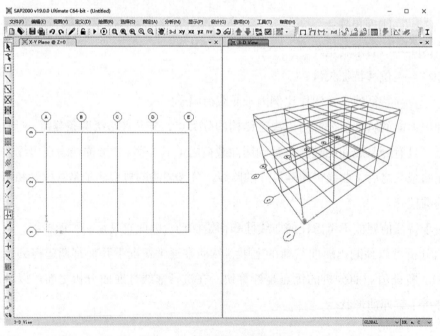

图3-23　SAP2000图形界面

SAP2000是标准的Windows操作界面，可以用鼠标直接进行对视窗的移动、缩放、最大化、最小化或关闭等操作，图形用户界面分为主标题条、菜单条、主工具栏、侧工具栏状态条、显示窗口。

主标题条位于界面顶部，显示程序名称、版本号以及当前模型文件的名称。当界面最小化显示状态时，将光标移动至主标题条按住鼠标左键可以拖动界面在屏幕上移动。

菜单条位于主标题条下方。所有的命令菜单都位于菜单条内，包括文件、编辑、视图、定义、绘图、选择、指定、分析、显示、设计、选项、帮助菜单。

在主窗口的菜单条下面是主工具栏，主工具栏提供了菜单命令的快捷按钮。

界面左侧竖向放置的是侧工具栏，侧工具栏提供了绘制命令快捷按钮。

界面中间部分为主显示窗口，默认状态下主显示窗口以左右排列显示，界面可以显示的窗口数量为1~4个。

界面下方为状态条。状态条包括状态文本、光标位置、当前坐标系和当前单位制状态。

2）命令菜单

在菜单条中包括12个菜单项，所有的操作命令都分类集成在这12个单项中各菜单的主要功能如下：

（1）文件菜单

提供基本文件操作，如新建模型、保存模型、模型的导入导出、结果的打印输出等。

（2）编辑菜单

提供对模型进行几何图形编辑的命令，如剪切、复制、粘贴等。

（3）视图菜单

用于模型视图控制和对象显示。

（4）定义

提供各种定义命令，如材料属性、截面属性、荷载工况及荷载组合等。

（5）绘图

提供建模所用到的绘制命令及点捕捉功能。

（6）选择

提供多种按类型选择对象的功能命令。

（7）指定

提供各种对象指定功能，包括荷载指定、属性指定等。

（8）分析

对模型进行动力分析参数指定、运行分析设定等。

（9）显示

用于显示对象属性及分析结果的信息等。

（10）设计

用于对各种类型结构设计的相关操作命令。

（11）选项

提供关于规范内容的设置及显示功能的细节设置等。

（12）帮助

提供教学文档、联机帮助文档及版本信息等。

菜单命令除了以光标直接点击选择激活外，还可以键盘快捷方式操作。在每个菜单名称右侧括弧内有按键字母，例如：【文件（F）】，表示按下Alt+F键即可打开文件菜单，然后在菜单中选择命令行。

3）基本概念

SAP2000作为通用有限元分析软件，对不同结构类型的所有构件按照几何形状或受力特点用"对象"进行模拟。所以可以说SAP200的模型是各种对象的集合体。用户在图形界面上绘制的是"对象模型"，在SAP2000内部将"对象模型"自动转换为"分析模型"进行分析，分析结果以"对象模型"的形式显示，便于用户直观的读取。以下分别介绍SAP2000中对象的概念、对象模型、分析模型。

（1）对象

对于所有实际模型，当用户把它以一种图形的形式输入到计算机中时，都需要将它拆散为若干个构件，根据它们的形状和受力特点用相应的对象加以模拟，然后再将它们以一定的方式拼装在一起，从而建立起图像模型，再由程序自动将其转化为分析模型，对于任意一个结构而言，组成它的构件无外乎以下几种形式：节点、杆、板、块体。在SAP2000中这些构件体现为点对象、线对象、面对象和实体对象。因此，对象是将模型中真实构件及作用在构件上的荷载等属性，在空间角度上的抽象表达。它是SAP2000中的基本概念，也是SAP2000模型中最基本的组成。对象的概念很容易理解，但对于其应用却是一个值得不断探究的过程。这也是有限元理论解决实际问题的关键。

点对象一般在绘制线对象、面对象或实体对象时自动生成，作为节点出现，它是组成其他单元的基本对象。点对象也可以独立出现，例如模拟单个质点。用户可以对点对象指定约束、弹簧、连接属性、质量、荷载、温度等属性。

线对象一般用来模拟柱、梁、支撑等框架构件。不同类型的框架构件在SAP2000中都以线条的形式绘制。用户可以对线对象指定截面类型、端部约束释放、端部偏移、轴线偏移、局部坐标轴、刚度修正、连接属性、附加质量、集中荷载、线荷载以及温度作用等属性。

面对象一般可以用来模拟板、壁、坡面等表现为面几何属性的构件。不同类型的面类型构件都以三角形或四边形绘制。用户可以对面对象指定截面类型、刚性隔板、局部坐标轴、刚度修正、附加质量、面弹簧、面对象剖分、自动线约束、均布荷载、孔隙压力、应变荷载、温度作用、风荷载等属性。

实体一般可以模拟水坝等大型建筑结构。用户可以对实体指定截面属性、局部坐标轴、表面弹簧，实体网格剖分、实体边约束、表面压力、孔隙压力、温度作用等属性。

对于一些特殊构件用何种对象去模拟，一方面要根据其几何属性和受力特点，一方面要根据各种对象的分析模型特点、原理。这在一定程度上取决于工程师的判断以及对有限元理论的理解。

（2）对象模型和分析模型

对用户来说，SAP2000的建模过程是绘制对象的过程，这些代表实际构件的对象组合在一起，即为视图中显示的模型，称为"对象模型"。例如，对于一根6m长的梁，在建模时用一根6m长的线条绘制出来，并且为它指定线荷载或者弯矩释放等属性；如果模拟的是一根2跨共6m的连续梁，则需要将整根6m的线条断为两根3m的线条，也就是说模型对象尽量要与实际模型构件一致，用户建模时尽量按照实际情况输入。

进行分析时，SAP2000会自动将对象模型转换为以单元为基础的有限元分析数据，这时的模型即为分析模型。对象模型中的点对象、线对象、面对象、实体对象将转换为分析模型中的节点单元、框架单元、壳单元、实体单元。对于线对象，指定了单元细分，则会在线对象内部增加了节点和细分单元，并生成与其他单元的连接关系，对于面对象、实体对象也同样如此。面对象模型中的连接单元转换为分析型是不剖分的，也就是说分析模型中的连接单元与对象模型的连接单元是一一对应的。作用于对象模型上的荷载将转换到分析模型中相关单元和节点上。

本节以一个简单模型为例（图3-24），详细介绍SAP2000模型建立、运行分析、运行设计的过程。使初学者对在SAP2000建模步骤有一个初步的认识。

例题概况

模型为一个钢框架结构。X向为4跨，轴间距6m；Y向为3跨，轴间距8m。结构共3层，层高均为4m，屋脊处层高5m。型钢柱截面H500×300×10×16，均采用Q235钢。楼板面层荷载3kN/m²，边梁线荷载6kN/m。地震烈度8度，仅考虑Y向地震。不考虑风荷载。

图3-24 钢框架结构模型

步骤一： 运行SAP2000，进行初始化设置

首先，运行SAP2000程序，打开程序界面。

点击界面左上角工具条中**新建模型按钮** ，弹出**新模型**对话框，将单位制下拉列表的初始化单位制设置为"kN，m，C"，如图3-25所示。

步骤二： 定义轴网数据

在新模型对话框选择模板区域中，点击【轴网】按钮，弹出**新坐标系/轴网系**对话框（图3-26），设置轴网线数量、轴网间距。

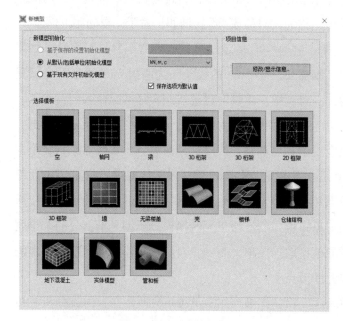

图3-25　新模型对话框

图3-26　新坐标系/轴网系对话框

点击【编辑轴网】按钮，弹出**定义网格系统数据**对话框，对话框中将Z轴网数据区域中Z5轴线的坐标修改为"13"（图3-27）。

点击【确定】按钮，退出对话框，轴网定义完毕（图3-28）。

步骤三： 定义材料属性

点击【定义】>【材料属性】命令，弹出定义材料对话框（图3-29）。

在材料列表中点击【添加新材料】按钮，弹出添加**材料属性**对话框（图3-30）。在这里定义Q235钢，首先在国家或地区里选择"China"，材料类型选择"Steel"，梯度里选择"Q235"。

点击【确定】按钮，回到添加材料属性对话框。用相同方式定义C30混凝土材料属性（图3-31）。

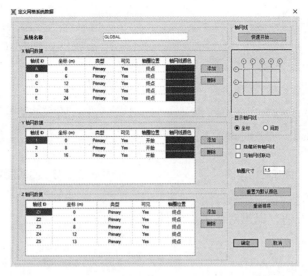

图3-27 定义轴网数据对话框

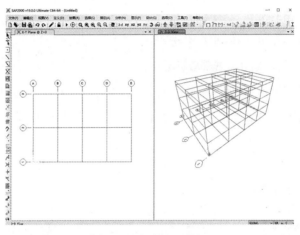

图3-28 完成轴网定义

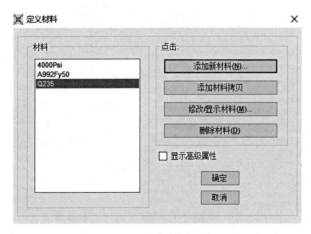

图3-29 定义材料属性

图3-30　添加材料属性

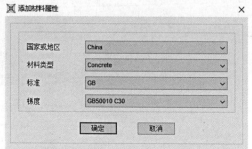

图3-31　定义C30混凝土材料属性

点击【确定】按钮，退出对话框，材料定义完成。

步骤四：定义框架截面

点击【定义】>【框架截面】命令，弹出框架属性对话框（图3-32）。

在对话框右侧添加下拉列表中选择I/Wide Flange项，然后点击【添加新属性】按钮，弹出I/Wide Flange截面对话框。在

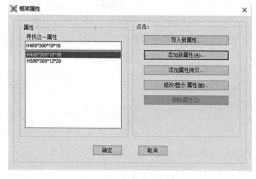

图3-32　添加框架属性

截面名称输入"H500×300×12×20"，在材料下拉列表选择Q235，然后再输入相应数据（图3-33）。

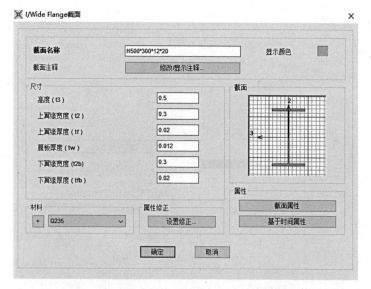

图3-33　添加H500×300×12×20截面属性

然后用同样的方法定义"H400×300×10×16"（图3-34）。

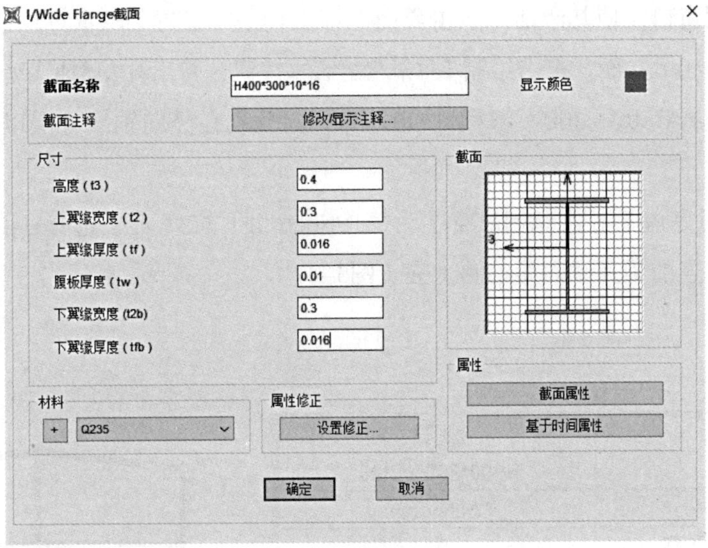

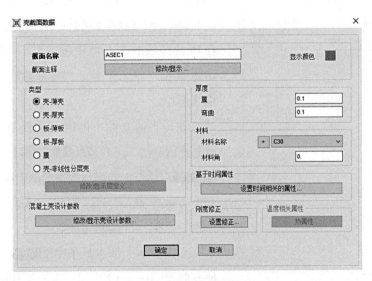

图3-34　添加H400×300×10×16截面属性

按【确定】按钮，退出对话框，截面定义完成。

步骤五：定义板截面属性

点击【定义】>【面截面】命令，弹出壳截面数据对话框（图3-35）。

在面截面对话框中选择添加新截面，在厚度区域的膜厚度和弯曲厚度输入域中输入0.1m。

图3-35　添加壳截面数据

按【确定】按钮，退出对话框，板截面定义完成。

步骤六：绘制构件

点击左侧窗口，使其激活。点击界面上部工具条中设置【YZ视图】按钮，使左侧视图进入YZ（X=0）立面。点击绘制【框架/索单元】按钮，弹出对象属性浮动窗，在Section下拉列表中选择H500×300×12×20（图3-36）。分别在竖向轴线分层以两点连线方式绘制柱子。

柱子绘制完成后，在绘制属性浮动窗中Section下拉列表中选择H400×300×10×16，将一、二层的梁及屋面梁绘制上去（图3-37）。

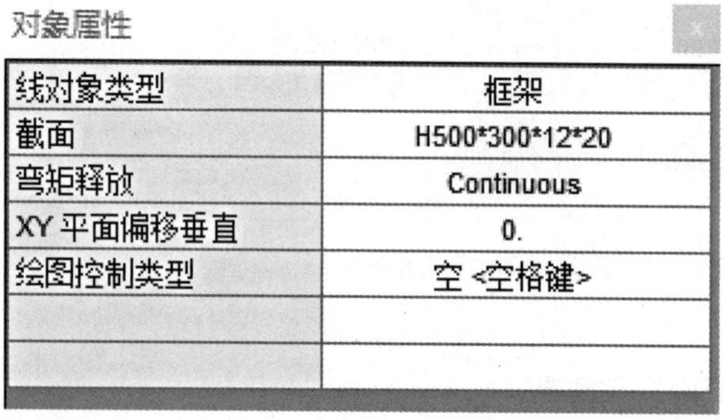

线对象类型	框架
截面	H500*300*12*20
弯矩释放	Continuous
XY平面偏移垂直	0.
绘图控制类型	空 <空格键>

对象属性

图3-36　对象属性浮动窗

图3-37　绘制一、二层的梁及屋面梁

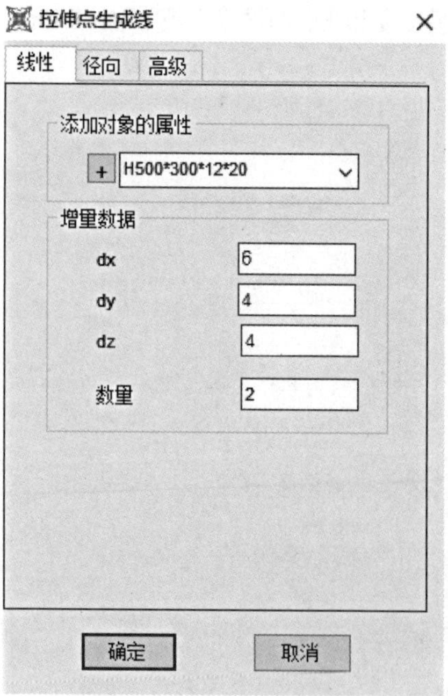

拉伸点生成线

| 线性 | 径向 | 高级 |

添加对象的属性

　　+　H500*300*12*20

增量数据

dx	6
dy	4
dz	4
数量	2

确定　　取消

图3-38　拉伸点成线对话框

点击鼠标右键结束绘制状态。在界面左侧工具条中点击【选择全部】按钮，选中所有构件，点击【编辑】>【带属性复制】命令，弹出复制对话框，在增量区域dx输入域中键入"6"（m），在下方增量数据中输入"4"，按【确定】按钮，回到立面视图中。

选择当前立面中的所有梁柱节点。点击【编辑】>【拉伸】>【拉伸点成框架/索】命令，弹出拉伸点成线对话框，在增量数据的dx中键入"6"（m），在下方数中输入"4"，如图3-38所示。按【确定】按钮，框架构件绘制完成。

点击界面上部工具条中【设置XY视图】按钮，使左侧视图进入XY平面，点击工具条中【表单中下移】按钮，使平面视图进入8m标高位置。按下左侧工具条【**快速绘制面单元**】按钮，视图中在楼板区域单击鼠标左键生成楼板（图3-39）。

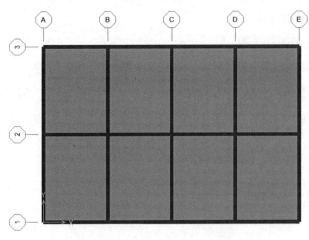

图3-39　8m标高位置生成楼板

点击界面上部工具条中【**表单中下移**】按钮，进入4m标高平面，绘制该层楼板方法同上。

步骤七：设置柱底端支座

点击界面上部工具条中【**表单中下移**】按钮，进入0m标高平面。将光标移到视图左上角，按住左键向右下角拖拽，框选轴线范围所有节点（左下角状态栏显示15个），点击【**指定**】>【**节点**】>【**约束**】命令，弹出节点支座对话框，勾选所有自由度束缚（图3-40）。

按【**确定**】按钮，退出对话框。支座约束指定完成。

至此，模型部分绘制完成（图3-41）。

图3-40　节点支座对话框

图3-41　模型绘制完成

步骤八：面对象剖分

点击【**选择**】>【**面截面**】命令，弹出选择截面对话框，在列表中选择唯一的截面名称，按【确定】按钮后，所有楼板被选中。点击【指定】>【面】>【自动面网格剖分】命令，弹出**指定面剖分**对话框，选择以最大尺寸自动剖分面为单元项，后面的两个输入域中键入"2"（m）。按【确定】按钮。

步骤九：定义静荷载工况

点击【定义】>【荷载工况】命令，弹出**定义荷载**对话框，在荷载名称输入域中键入"LIVE"，类型选择LIVE，点击右侧【添加】按钮；再在**荷载名称**输入域键入"QY"，类型选择Quake，在自动侧向荷载下拉列表中选择Chinese2010，点击右侧【添加】按钮（图3-42）。

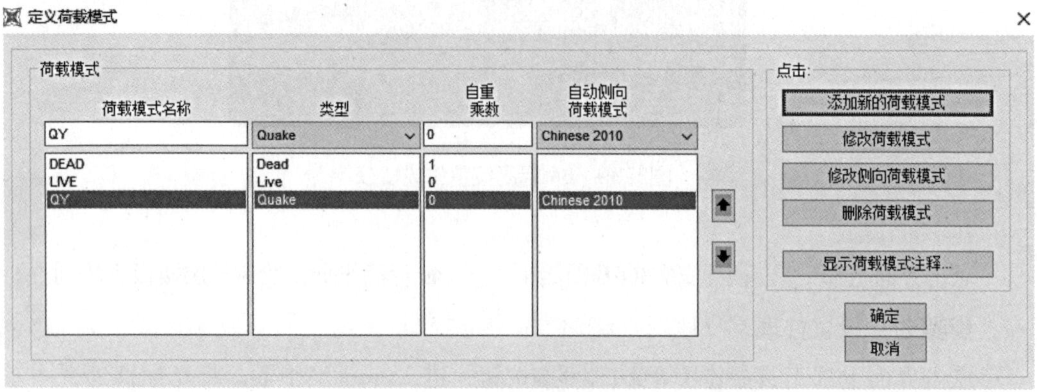

图3-42　定义荷载对话框

点击右侧【修改侧向荷载】按钮，弹出**中国2010地震荷载**对话框，将荷载方向改为Y向（图3-43）。

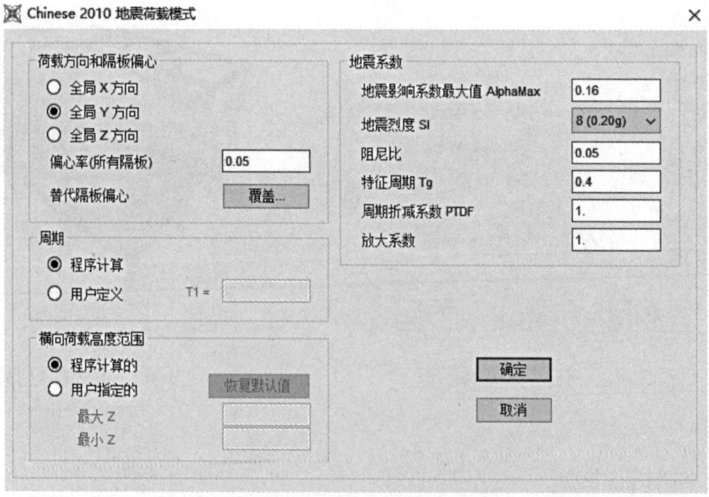

图3-43　设置地震荷载模式

按【确定】按钮退出对话框，荷载工况定义完成。

注意：此处所定义的地震工况计算方法为底部剪力法。

步骤十：梁构件指定附加荷载和活荷载

在平面视图中，选择所有边梁，点击【指定】>【框架/索/钢束荷载】>【分布】命令，弹出**框架分布荷载**对话框，在下方均布荷载输入域键入"6"，按【确定】按钮。点击【选择】>【面截面】命令，弹出**选择截面**对话框，在列表中选择唯一的截面名称，按【确定】按钮后，所有楼板被选中，点击【指定】>【面荷载】>【均匀】命令，弹出**面均布荷载**对话框，均布荷载输入域键入"3"，按【确定】按钮。

点击左侧工具条中【获取上一次选择】按钮，所有楼板被选中。再次点【选择】>【面截面】命令，在面均布荷载对话框荷载名称下拉列表中选择LIVE，均布荷载输入域键入"2"。按【确定】按钮。

步骤十一：定义质量源

点击【定义】>【质量源】命令，弹出**定义质量源**对话框，选择**来自荷载**项，在下方下拉列表选择DEAD、点击【添加】按钮。再选LIVE工况，乘数修改为0.5，点击【添加】按钮（图3-44）。

按【确定】按钮，质量源定义完成。

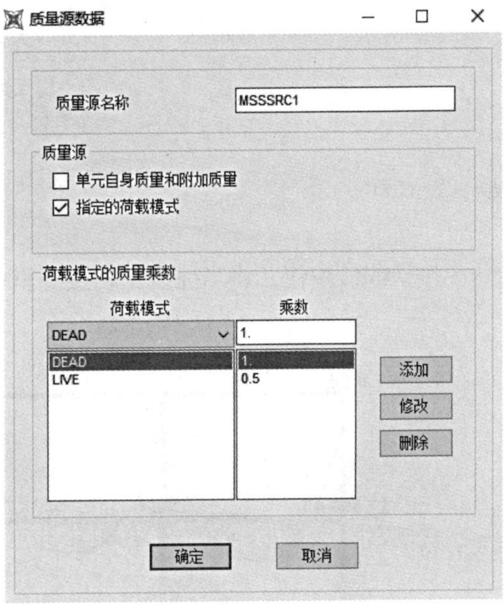

步骤十二：运行分析

点击界面上部工具条中【运行分析】按钮，弹出**设置运行的分析工况**对话框，在对话框中点击【现在运行】按钮。SAP2000在运行分析时弹出分析信息滚动窗，当显示分析完成时按【确定】按钮。

图3-44　定义质量源对话框

步骤十三：查看分析结果

在分析完成后，三维视图会自动切换到恒荷载变形状态下，点击右侧视图，使其激活。点击【显示】>【显示变形形状】命令，弹出【变形后形状】对话框，在工况/组合名下拉列表中选择QY，按【确定】按钮，模型切换至地震作用变形状态。此时，将光标移至梁柱节点位置，会弹出该节点位移信息。

点击【显示】>【显示力/应力】>【框架/索/铜束】命令，弹出**框架的构件受力图**对话框，在分量区域中选择**弯矩3-3**，在选项区域中勾掉**填充图表**项，选择**在图表上显示值**（图3-45）。

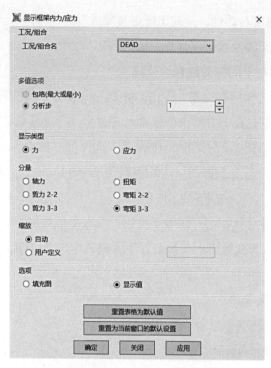

图3-45　框架的构件受力图对话框

按【确定】按钮，将当前视图切换至里面视图。视图显示框架构件弯矩图（图3-46）。

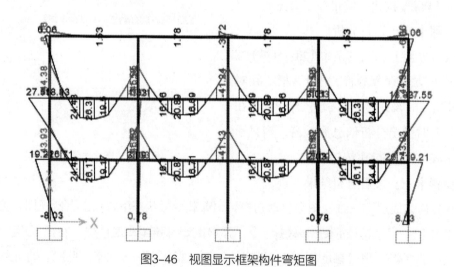

图3-46　视图显示框架构件弯矩图

步骤十四： 运行交互式设计

点击界面上部工具条中【开始钢结构设计/检查】按钮，运行设计。设计完成后，在激活窗口的模型视图中显示出构件设计截面信息（图3-47）。

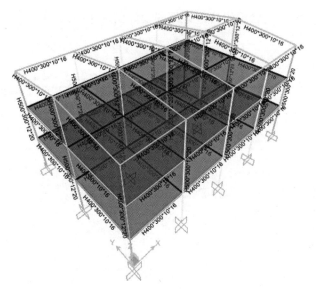

图3-47　构件设计截面信息显示

点击【设计】>【钢框架设计】>【显示设计信息】命令，弹出显示钢设计结果对话框，在设计输出下拉列表中可以选择显示内容。暂取默认项（应力比），按【确定】按钮，此时视图中构件上会显示出应力比数值。

将光标在构件位置单击鼠标右键，弹出构件交互式设计对话框（图3-48）。

在对话框中给出了所选构件信息，列表中给出所有设计组合对应的应力比。高亮显示的为控制组合。

Steel Stress Check Information (Chinese 2010)

Frame ID	398		Analysis Section	H400*300*10*16
Design Code	Chinese 2010		Design Section	H400*300*10*16

COMBO ID	STATION LOC	/----MOMENT INTERACTION CHECK-----/ RATIO = AXL + B-MAJ + B-MIN	/-MAJ-SHR---MIN-SHR-/ RATIO	RATIO
DSTL1	1.50	0.006(C) = 0.000 + 0.006 + 0.000	0.001	0.000
DSTL1	2.25	0.006(C) = 0.000 + 0.006 + 0.000	0.001	0.000
DSTL1	3.00	0.004(C) = 0.000 + 0.004 + 0.000	0.003	0.000
DSTL1	3.75	0.000(C) = 0.000 + 0.000 + 0.000	0.006	0.001
DSTL1	4.50	0.006(C) = 0.000 + 0.006 + 0.000	0.008	0.002
DSTL1	5.25	0.014(C) = 0.000 + 0.014 + 0.000	0.010	0.003
DSTL1	6.00	0.024(C) = 0.000 + 0.024 + 0.000	0.012	0.003

Modify/Show Overwrites | Display Details for Selected Item | Display Complete Details

[Overwrites] | [Summary] [Details] [Envelope] | [Tabular Data]

Stylesheet: Default

◉ Strength ○ Deflection [OK] [Cancel] [Table Format File]

图3-48　构件交互式设计对话框

点击【细节】按钮，则会给出构件详细的设计信息（图3-49）。

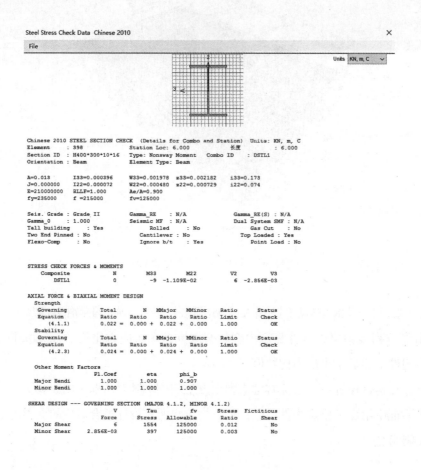

图3-49　构件详细的设计信息

2. ANSYS介绍及常规操作

ANSYS软件作为一个大型通用有限元分析软件，能够进行结构、热、流体、电磁、声学等学科的研究，广泛应用于土木工程、地质矿产、水利、铁道、汽车交通、国防军工、航天航空、船舶、机械制造、核工业、石油化工轻工、电子、日用家电和生物医学等一般工业及科学研究。ANSYS软件是第一个通过ISO9001质量认证的大型有限元分析设计软件，是美国机械工程师协会（ASME）、美国国家核安全管理局（NNSA）及近二十种专业技术协会认证的标准分析软件。

在国内，ANSYS第一个通过了全国锅炉压力容器标准化技术委员会认证并在国务院十七个部委推广使用，是唯一被中国铁路机车车辆工业总公司选定为实现"三上"目标的有限元分析软件。在世界范围内，ANSYS软件已经成为土木建筑行业CAE仿真分析软件的主流。ANSYS在钢结构和钢筋混凝土房屋建筑、体育场馆、桥梁、大坝、隧道以及地下建筑物等工程中得到了广泛的应用。可以对这些结构在各种外载荷条件下的受力、变形、稳定性及各种动力特性做出全面分析,从力学计算、组合分析等方面提出了全面的解决方案,为土木工程师提供了功能强大且方便易用的分析手段。ANSYS在中国的很多大型土木工程中都得到了应用,如上海金茂大厦、国家大剧院、上海科技馆太空城、黄河下游特大型公路斜拉桥、龙首电站大坝、南水北调工程、金沙江溪落渡电站、二滩电站、龙羊峡电站、三峡工程等都利用了ANSYS软件进行有限元仿真分析。

1)ANSYS使用界面介绍

在启动ANSYS并设定工作目录和工作文件名称后,将进入ANSYS的GUI(Graphical User Interface)图形用户界面,如图3-50所示。在ANSYS的图形用户界面中,主要有7个部分,下面按图中的标注逐一对各部分进行介绍。

(1)实用菜单

该菜单为下拉式结构,由10个下拉菜单组成,包括文件操作(File)、选择和部件(Select)、数据列表(List)、图形显示(Plot)、显示控制(PlotCtrls)、工作平面(WorkPlane)、参数(Parameters)、宏命令(Macro)、菜单控制(MenuCtrls)和帮助(Help),它可直接完成某一程序功能或引出一个对话框。在ANSYS运行的任何时候均可以访问此菜单,菜单项后有"…"表示执行该命令后将弹出一个对话框。

(2)工具栏

对于常用的新建、打开、保存数据库、报告生成器及帮助等操作,提供了方便快捷的按钮,可以直接单击按钮完成操作。

图3-50 GUI图形用户界面

（3）命令输入窗口

对ANSYS软件的操作，除了采用常用的GUI（形用户界面）的方式外，还可以采用命令输入。在此窗口可输入ANSYS的各种命令，输入命令的同时，将显示有关该命令和使用参数的提示行。

（4）显示隐藏对话框

在ANSYS的使用过程中，会出现很多对话框，例如控制显示对话框、材料常数设置对话框及后处理动画控制对话框等，可以单击此按钮迅速将隐藏的对话框调出。

（5）主菜单

主菜单基本上涵盖了ANSYS分析过程的所有菜单命令，按ANSYS分析的顺序进行排列。包括前处理、求解器、通用后处理、时间历程后处理和优化设计等。"+"表示单击后将会出现下一级子菜单。

（6）图形显示区

这是ANSYS的主要窗口，分析模型、网格、计算结果、云图、等值线、动画等图形信息以及求解过程中的收敛信息均将显示在此窗口。

（7）状态栏

这个位置显示ANSYS的一些当前信息，例如当前求解器、材料以及系统坐标系等在GUI操作过程中，它还会给出一些具体的操作提示。

图3-51 已输入命令或已使用功能的响应信息

另外，在ANSYS启动后，还有一个隐藏的输出窗口，这是一个类似DOS界面的窗口，如图3-51所示。它的主要作用是显示ANSYS软件对已输入命令或已使用功能的响应信息，包括用户使用命令的出错信息和警告信息。通常在主窗口的后面，需要的时候可以提到前面来，便于查看分析过程的各种信息。它还有一个特殊的用途，就是对ANSYS进行特殊控制，例如在计算过程中的强制中断或强制退出。若对该窗口使用了关闭操作，则会强制退出ANSYS软件，必须要重新启动才能再次出现，因此一般操作过程中不要关闭该窗口。

在GUI方式中，有四种ANSYS命令的输入方式：

①交互式菜单操作；

②直接命令输入；

③使用工具条；

④调用批处理文件。

交互式菜单操作的优点是操作简便，明了直观，非常适合初学者使用。直接命令输入则方便快捷，工作效率高，但要求用户必须熟练掌握ANSYS命令。使用工具条是ANSYS命令输入的一种高效方式，用户在使用ANSYS过程中可以把一些常用的命令做成按钮形式放到工具条中。

不管使用哪一种命令输入方式，ANSYS都会将相应的命令操作自动地写入到Log File文件中，并可在ANSYS的输出窗口中访问。当程序出错时，可浏览这些命令行并加以修改。此外，这些命令可以保存到一个相应的文件中，稍加改动就可直接调用实现文件命令输入。

2）ANSYS计算的基本流程

（1）分析模型

在开始有限元计算前，需要对计算的工程问题进行认真的分析。这其中包括：模型的简化，能否忽略几何不规则性，能否把三维问题简化为平面问题；能否把一些载荷看做集中载荷；能否把某些支承看做固定的；判断模型材料的应力–应变关系，即采用线性材料分析还是非线性材料分析等。

（2）选择单元

根据分析的结果选择满足条件的单元。例如，如果通过分析模型得出模型为三维结构问题并考虑其材料的非线性，那么在选择单元时就要选择三维单元，如SOLID1185或SOLD186等。

（3）定义材料常数

根据是否考虑材料的非线性进行定义。如果材料为线弹性，则只需输入弹性模量和泊松比；如果材料为弹塑性，则还需要输入屈服应力和切线模量。ANSYS的材料模型库可以模拟多种材料，包括金属、混凝土、橡胶等。

（4）建立模型

ANSYS中有四种建立模型的方法，即实体建模、有限元建模、从其他CAD软件中导入和参数化建模。前三种建模方法适用于除优化设计、可靠性分析的各种分析。

（5）网格划分

ANSYS中主要有两种网格划分方法即自由网格划分和映射网格划分。自由网格划分的成功率高，但在动力学计算中精度稍差。具体采用哪种方法，应根据需要进行选择。

（6）确定分析类型

选择需要的分析类型，如静力学分析、模态分析、谐响应分析、瞬态动力学分析、谱分析、特征值屈曲分析，以及子结构分析等。

（7）施加边界条件

根据模型的实际工况定义边界条件，如对称边界、完全约束等。

（8）求解

用户在完成以上操作后，就进入求解阶段。ANSYS有直接求解、载荷步求解和自适应求解方法，可根据需要适时选择。

（9）后处理

用户可以使用两种后处理方法：观察结果或校核计算结果是否符合工程结构设计要求。如果满足要求，则保存结果；如果不满足要求，则需要修改模型并重新计算，直到符合要求为止。

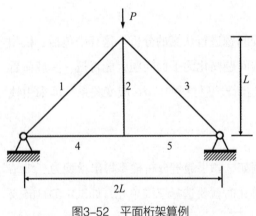

图3-52 平面桁架算例

3）ANSYS算例

如图3-52所示平面桁架，L=0.2m，各杆的截面面积 $A = 4 \times 10^{-4} \text{m}^2$，$P$=1000N，弹性模量 $E = 2.1 \times 10^{10} \text{N}/\text{m}^2$，泊松比为0.3，求各杆的轴向力 F_a，轴向应力 σ_a。

（1）定义工作文件名

GUI：【Utility Menu】/【File】/【post1】弹出图3-53所示的对话框，在此出现的对话框输入"post1"，并将"New log and error files"复选框选为"Yes"，单击"OK"。

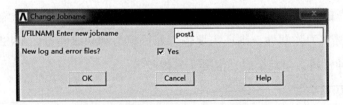

图3-53 Change Jobname对话框

（2）定义工作标题

GUI：【Utility Menu】/【File】/【Change Title】。在出现的对话框中输入"hengjia"，单击"OK"。如图3-54所示。

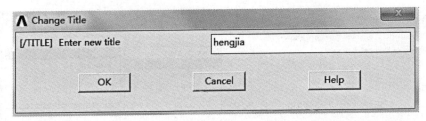

图3-54　Change Title对话框

（3）过滤界面

GUI：【Main Menu】/【Preferences】。弹出图3-55所示的对话框，选中"Structural"和"h-Method"项，单击"OK"按钮。

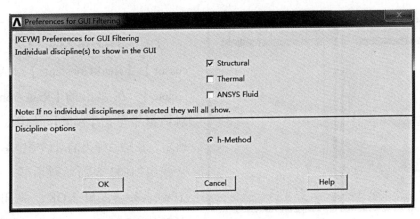

图3-55　Preferences for GUI Filtering对话框

（4）创建单元类型

GUI：【Main Menu】/【Prepro-cessor】/【Element Types】/【Add/Edit/Delete】。在弹出如图3-56左侧所示的对话框中，单击"Add"按钮；弹出图3-57所示的对话框，在左侧列表中选"Structural Mass/Link"，在右侧列表中选"3D finit stn 180"，单击"OK"按钮：单击图3-56右侧所示的对话框的"Close"按钮。

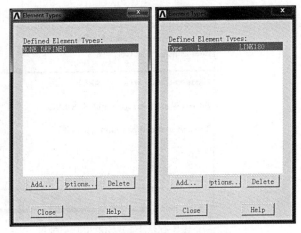

图3-56　Element Type对话框

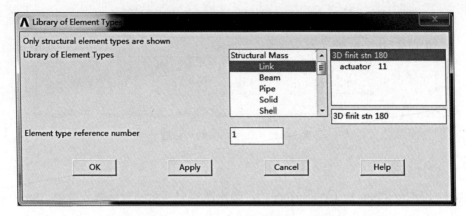

图3-57　Library of Element Types对话框

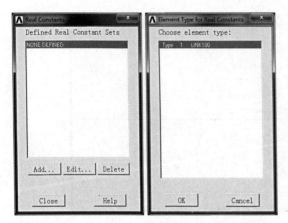

图3-58　Real Constants和Element Type for Real Contants对话框

（5）定义实常数

GUI：【Main Menu】/【Preprocessor】/【Real Constants】/【Add/Edit/Delete】。在弹出的【Real Constants】对话框中单击【Add】，如图3-58左侧所示，在随后弹出的对话框中单击OK，会弹出如图3-59所示对话框，在AREA中输入4e-4，单击OK，关闭图3-58右侧对话框。

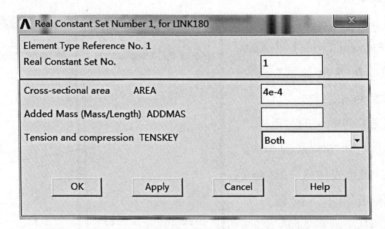

图3-59　Real Constant Set Number 1, for LINK180对话框

（6）定义材料特性

GUI：【Main Menu】/【Preprocessor】/【Material Props】/【Material Models】。弹出图3-60所示的对话框，在右侧列表中依次单击"【Structural】/【Linear】/【Elastic】/【Isotropic】"，弹出图3-61所示的对话框，在"EX"文本框中输入2.1e10（弹性模量），在"PRXY"文本框中输入0.3（泊松比），单击"OK"按钮，然后关闭图3-60所示的对话框。

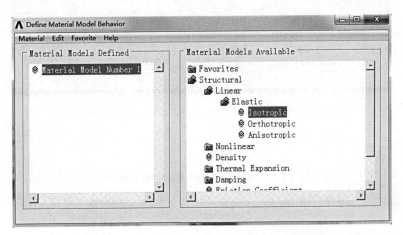

图3-60　Define Material Model Behavior对话框

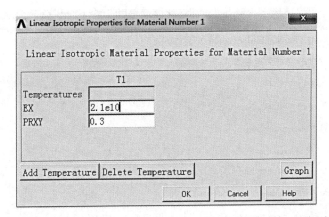

图3-61　Linear Isotropic Properties for Material Number 1对话框

（7）创建节点

GUI：【Main Menu】/【Preprocessor】/【Modeling】/【Create】/【Nodes】/【In Active CS】。弹出图3-62所示的对话框，在"NODE"文本框中输入1，在"X，Y，Z"文本框中分别输入"0，0，0"，单击"Apply"按钮；在"NODE"文本框中输入2，在"X，Y，Z"文本框中分别输入"0.2，0，0"，单击"Apply"按钮；在"NODE"

文本框中输入3，在"X，Y，Z"文本框中分别输入"0.4，0，0"，单击"Apply"按钮；在"NODE"文本框中输入4，在"X，Y，Z"文本框中分别输入"0.2，0.2，0"，单击"Apply"按钮。

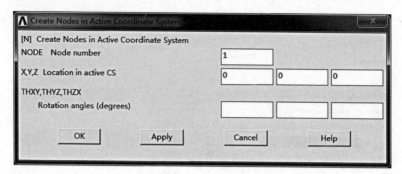

图3-62　Create Nodes in Active Coordinate System对话框

（8）显示节点

GUI：【Utility Menu】/【PlotCtrls】/【Numbering】在弹出的对话框中，将"Node numbers""Yes"，"Elem/Attrib numbering"选为Element numbers，单击"OK"。如图3-63所示。

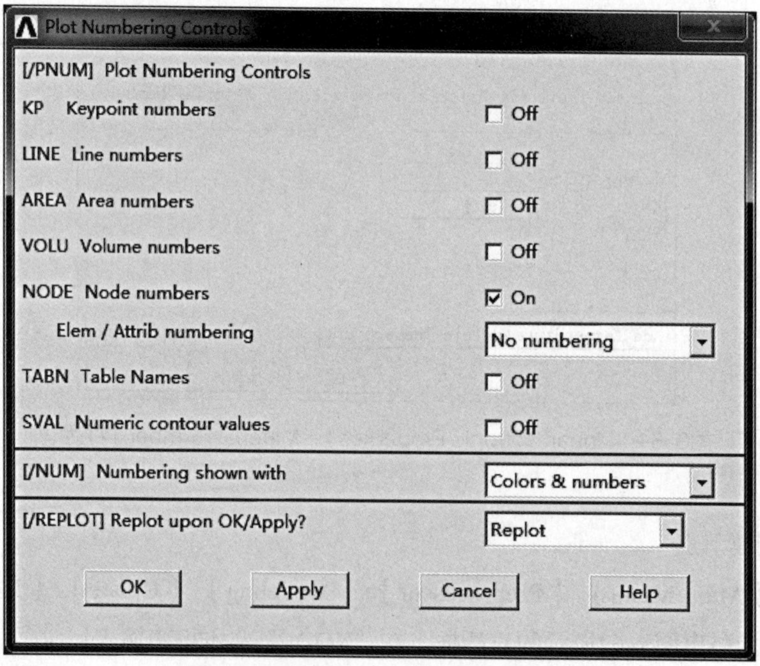

图3-63　Plot Numbering Controls对话框

（9）创建单元

GUI：【Main Menu】/【Preprocessor】/【Modeling】/【Create】/【Element】/【Auto Numbered】/【Thru Nodes】弹出拾取窗口，分别拾取节点1和4，创建两条直线，单击"Apply"按钮，重复操作，在节点2和4，3和4，1和2，2和3之间分别创建单元。如图3-64所示。

（10）定义分析类型

GUI：【Main Menu】/【Solution】/【Analysis Type】/【New Analysis】。在弹出的对话框中选取"Static"，单击"OK"。

（11）施加约束

GUI：【Main Menu】/【Solution】/【Define Loads】/【Apply】/【Structural】/【Displacement】/【On Node】。弹出如图3-65所示窗口，拾取节点1，单击"OK"按钮，弹出图3-66所示的对话框，在列表中选择"All DOF"，单击"Apply"按钮，再拾取节点3，单击"OK"，弹出图3-66所示的对话框，在列表中选择"All DOF"，单击"OK"。

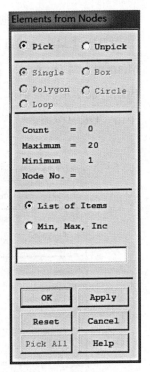

图3-64 Elements from Nodes对话框

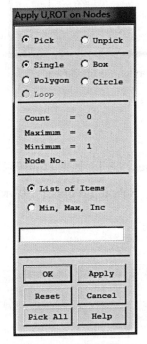

图3-65 Apply U，ROT on Nodes对话框（Ⅰ）

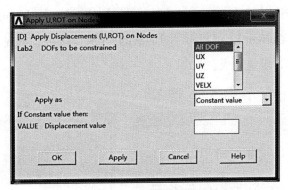

图3-66 Apply U，ROT on Nodes对话框（Ⅱ）

（12）施加单位载荷

GUI：【Main Menu】/【Solution】/【Define Loads】/【Apply】/【Structural】/【Force/Moment】/【On Nodes】。弹出如图3-67所示窗口，拾取节点4，单击"OK"按钮，弹出图3-68所示的对话框，在"Lab"列表中选择"FY"，在"VALUE"框中输入"-1000"，单击"OK"按钮。

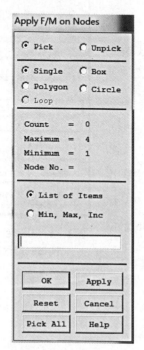

图3-67　Apply F/M on Nodes对话框（Ⅰ）

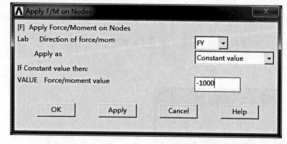

图3-68　Apply F/M on Nodes对话框（Ⅱ）

（13）求解

GUI：【Main Menu】/【Solution】/【Solve】/【Current LS】。如图3-69所示，单击"Solve Current Load Step"对话框的"OK"按钮。出现"Solution is done！"提示时，如图3-70，求解完成。

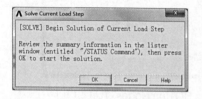

图3-69　Solve Current Load Step对话框

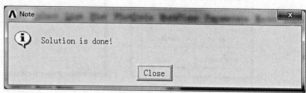

图3-70　Note对话框

（14）显示变形图

GUI：【Main Menu】/【General Postpro】/【Plot Results】/【Deformed Shape】。弹出如图3-71所示的选择框，在这里我们选取"Def+undeformed"，显示变形与未变形的图形，显示结果如图3-72所示。

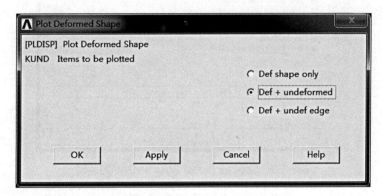

图3-71 Plot Deformed Shape对话框

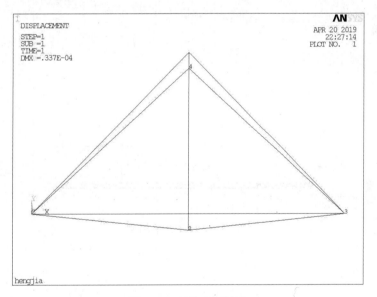

图3-72 结构变形结果

（15）显示节点位移图

GUI：【Main Menu】/【General Postpro】/【Plot Results】/【Contour Plot】/【Nodal Solu】。在弹出的选取框图3-73中依次选择【Nodal Solution】/【DOF Solution】/【Displacement vector sum】"，将"Undisplaced shape key"选为"Deformed shape with undeformed model"，显示变形与未变形模型，结果如图3-74所示。

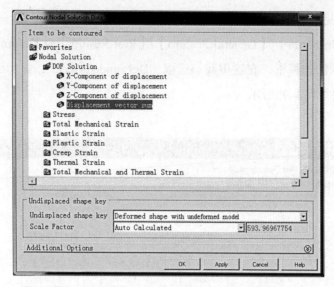

图3-73 Contour Nodal Solution Data对话框

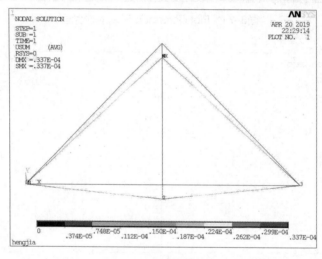

图3-74 结构变形结果

3.3 上机实践

3.3.1 直杆结构建模

1. 例题概况

模型为一个简单桁架结构，X、Y向为2跨，轴间距为0.3m；Z向为4跨，轴间距为

0.6m。结构共三层，每层之间设置若干斜向支撑，结构尺寸示意图如图3-75所示。桁架杆截面为工字形截面，材料采用Q345钢。在结构顶部定义两个侧向荷载，计算在侧向荷载下桁架结构各杆件的内力。

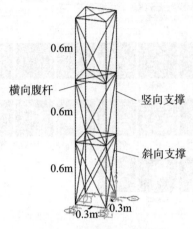

图3-75　结构尺寸示意图

本例题中涉及以下几个直杆体系建模知识模块：（1）根据结构尺寸和形状特点建立轴网；（2）材料属性和杆截面属性的定义；（3）结构构件的绘制；（4）边界条件的定义；（5）点荷载的施加。

2. 步骤一：运行SAP2000，进行初始化设置

首先，运行SAP2000程序，打开程序界面（图3-76）。

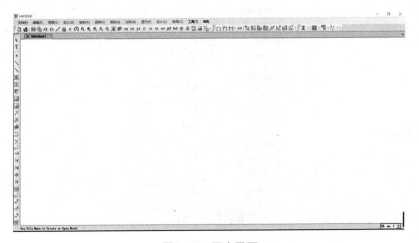

图3-76　程序界面

点击界面左上角工具条中新建模型按钮，弹出新模型对话框，可进行新模型的初始化单位设置，下拉列表将模型初始化单位设置为"N，mm，C"，如图3-77。

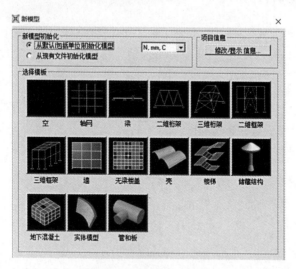

图3-77　新模型对话框

3．步骤二：定义轴网数据

在新模型对话框选择模块区域中，点击轴网按钮，弹出快速网格线对话框（图3-78），设置轴网线数量、轴网间距。

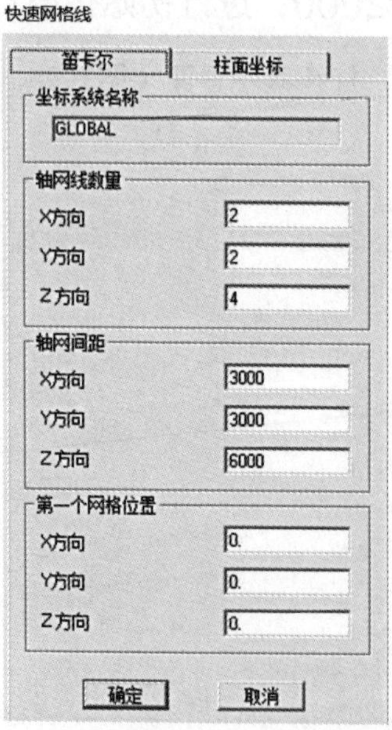

图3-78　快速网格线对话框

4．步骤三：定义材料属性

点击定义＞材料命令，弹出定义材料对话框（图3-79）。点击添加新材料按钮，添加材料属性Steel，等级为Q345。然后点击确定按钮。

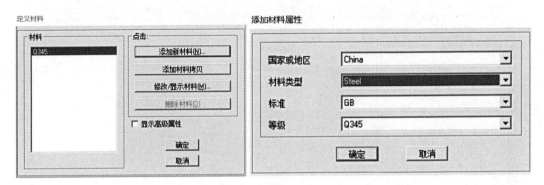

图3-79　材料定义

5．步骤四：定义梁杆截面

点击定义＞框架截面命令，弹出框架属性对话框（图3-80a），点击添加新属性按钮，弹出导入框架截面属性对话框，点击工字钢，然后将会弹出自定义截面尺寸界面（图3-80b），在此界面可以自定义工字钢的各部位尺寸，此处选择默认尺寸，截面名称也按照默认设置。

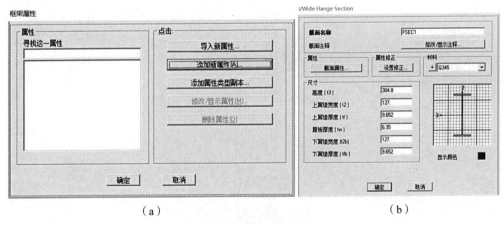

（a）　　　　　　　　　　（b）

图3-80　截面属性定义
（a）框架属性；（b）截面属性

6．步骤五：绘制构件

在最左侧绘制工具栏中选择"绘制框架/索单元"进行构件的绘制，绘制方法有两种：①通过切换轴网平面图，在左侧轴网平面图中完成构件的绘制。②直接在三维轴网视图中进行构件的绘制，如图3-81中右侧所示。

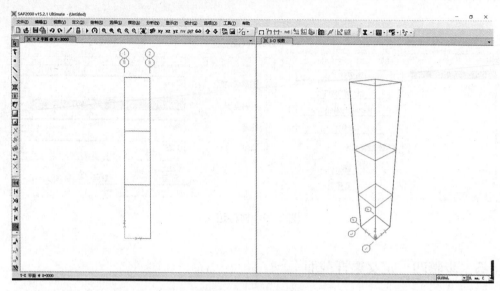

图3-81　构件的绘制

简单三维桁架结构绘制完成后如图3-82所示。模型中包含竖向支撑、斜向支撑、横向腹杆等。

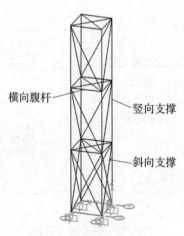

图3-82　三维桁架结构结果图

7．步骤六：设置底部约束

在模型三维视图中选取一底部节点并右击，将会出现该点的信息框（图3-83），在该信息框中双击约束栏可以对该点进行约束设置，如图3-84所示。在节点约束信息框中我们可以选择对节点的局部的方向进行约束，也可以选择快速指定约束图标，这里我们依次设置三维桁架的底部约束为固定约束。

图3-83 节点信息框

图3-84 设置底部节点约束为固接

8. 步骤七：荷载的施加

在模型三维视图中点选荷载施加点，然后点击指定＞节点荷载＞力（图3-85），在该信息框中设置两荷载点的荷载大小为10000N，方向沿着Y正向，如图3-86所示。

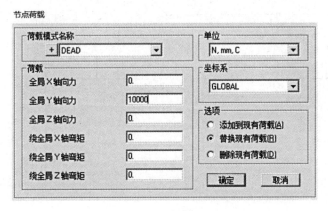

图3-85 点荷载的施加

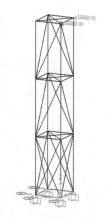

图3-86 模型示意图

9.步骤八：运行分析

模型定义好之后，点击分析＞运行分析按钮（快捷键F5），进行模型的计算分析。分析结束后便可得到结构各杆件的力学响应，为工程实际提供参考。

3.3.2 曲杆结构建模

1.例题概况

本例题模型为一双层柱面网壳结构，网壳上部覆盖混凝土屋面板，下部结构包含混凝土梁和柱。模型的几何横断面尺寸如下图3-87所示。通过图3-87可知结构为一左右对称结构，总跨度为32m，总高度为8m，网壳厚度为2.7m。网壳的纵向尺寸图如图3-88所示，由纵向尺寸图可知，下层网壳位于上层网壳中间，和上层网壳之间间距为1.25m。模型纵向呈现一定的规律性，可以先建立网壳的一个单元（图3-88中蓝色框选部位），然后利用复制命令流便可以很方便的建立模型的其他部位。模型三维示意图如下图3-89所示。

本例题中主要涉及以下几个知识模块：（1）非等间距轴网的建立；（2）曲线框架杆件的建立；（3）带属性复制、镜像命令流的操作方法；（4）点拉伸成线的操作方法。

熟练地使用快捷键可以帮助我们更快速的进行结构的绘制，SAP2000中常用的快捷键如下：

Ctrl+B选择标签	Ctrl+D显示轴网	Ctrl+E交互式数操库编辑
Ctrl+G选择组	Ctrl+J获取上次选择	Ctrl+K反选
Ctrl+Q清除选择	Ctrl+R带属性复制	Ctrl+T显示表
Ctrl+U设置程序默认显示菜单	Ctrl+W设置显示选项	Ctrl+shift+G定义组

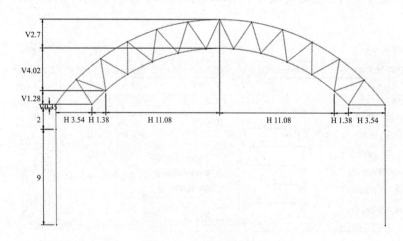

图3-87 模型横断面图

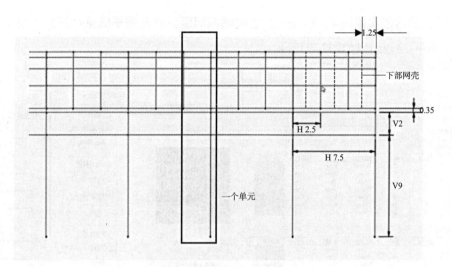

图3-88　模型纵向尺寸图

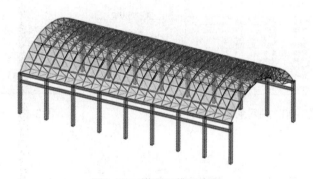

图3-89　模型三维示意图

2．步骤一：建立轴网

定义X方向为网壳沿横断面方向，Y方向为网壳纵向方向，Z方向为网壳高度方向。通过网壳横断面图和纵向尺寸图可知，X向、Y向、Z向布置的轴网个数分别为7、3、7个。建立新文件，点击定义＞坐标系/轴网＞修改/显示系统，进入定义轴网系统数据界面（图3-90），接着点击右上快速开始，修改X、Y、Z向轴网个数为7、3、7个。同时，为了使得X向零点对应网壳结构的中心，将X方向第一个网格位置坐标改为-16m，定义好后点击确定按钮（图3-91）。

在快速定义网格线之后，轴网的间距是等间距的，不能满足实际结构的要求，需要根据结构实际网格间距进行调整。根据横截面图可知实际的轴网间距X向A-G轴分别为3.54、1.38、11.08、11.08、1.38、3.54m，Y向1-3轴间距分别为1.25、1.25m，Z向Z1-Z7轴网间距分别为9、2、0.35、1.28、4.02、2.7m。在图3-92界面将轴网线显示方式改为

"间距"，然后依次修改X、Y、Z三个方向轴网间距，修改完毕结果如图3-92所示。点击确定，轴网绘制结果如图3-93所示。

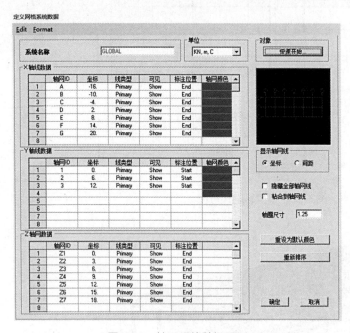

图3-90　轴网系统数据界面

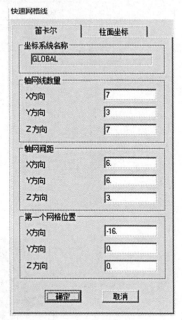

图3-91　快速网格线对话框

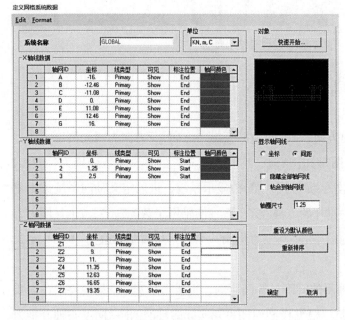

图3-92　轴网布置图

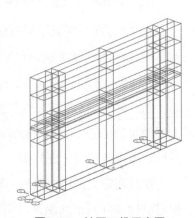

图3-93　轴网三维示意图

3．步骤二：定义材料和截面属性

此网壳结构中混凝土柱和梁材料采用C30混凝土，梁截面尺寸为600mm×400mm，柱截面尺寸为900mm×600mm，在软件中分别定义为B600×400、C900×600（图3-94）。上部双层网壳结构材料采用Q235钢，网壳根据杆件位置不同定义8种空心钢管截面分别为P1~P8（图3-95、图3-96）。

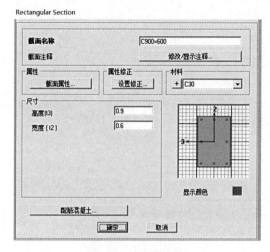

图3-94　柱截面尺寸

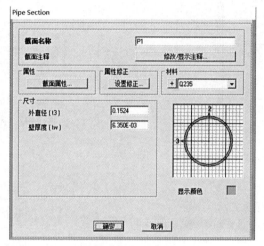

图3-95　P1截面尺寸

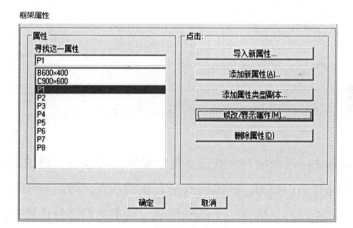

图3-96　框架截面属性对话框

4．步骤三：网壳模型建立

首先点击工具栏中"XZ"进入XZ视图平面（图3-97），观察左上角可知此时纵向维度Y=0。然后点击左侧快速绘制框架索单元按钮，将会弹出对象属性对话框，线对象类型选择直框架，截面选择设置好的柱截面（C900×600），然后框选依次画出左右柱构件（图3-98）。

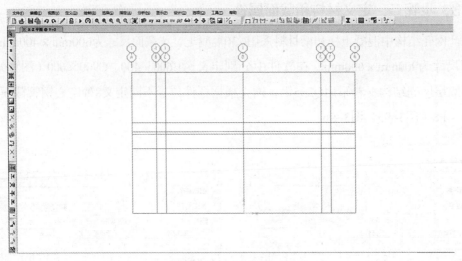

图3-97　*XZ*视图平面

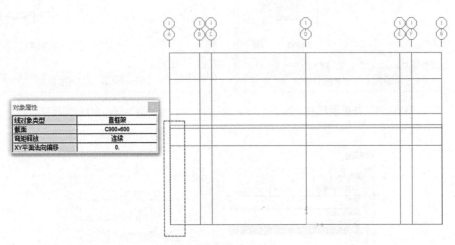

图3-98　柱构件的绘制

　　接下来进行外层网壳绘制，点击绘制框架/索单元按钮，将线对象类型选取为曲线框架，截面选择为P1截面，依次选取左右柱顶端点，弹出曲线框架几何形状对话框，我们知道三点就可以确定一个圆弧形状，这里我们已经选取了网壳的起点和终点，只需再定义网壳顶点便可以了。根据网壳横断面图可知网壳顶端高度为19.35m，在对话框中完成第三点定义，如图3-99所示。注意我们需要将圆弧划分为12等段，因此线性分段数为12，并且选择将圆弧打断为等长对象，点击确定。外层网壳绘制结束后，为了方便观察节点的位置，使用快捷键Ctrl+W取消节点不可见，如图3-100所示。

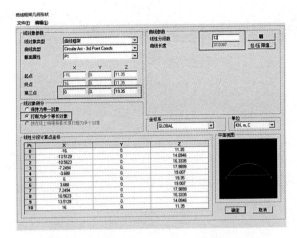

图3-99 顶部网壳曲线框架几何形状定义

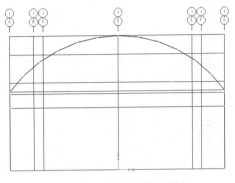

图3-100 曲线框架绘制结果

绘制好最外侧外层网壳后，进入三维视图，进行$Y=2.5$截面上外层网壳的绘制。由于$Y=0$界面和$Y=2.5$界面上外层网壳尺寸一致，这里我们为绘制方便采用复制命令（快捷键Ctrl+R），全选最外侧网壳，将dy增量设置为2.5m（图3-101）。复制结束后如图3-102所示。

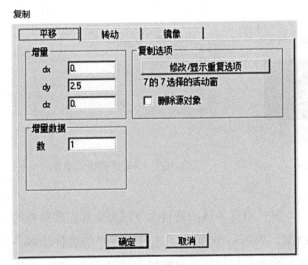

图3-101 复制命令框

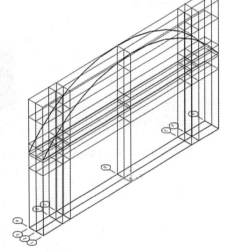

图3-102 曲线框架复制结果图

点击工具栏XZ进入XZ视图界面，然后点击 ⬆ 按钮将Y轴由0调整为$Y=1.25$。调整结束后界面如图3-103所示。

紧接着在此界面进行下层网壳绘制，首先绘制两侧的直腹杆，紧接着利用曲线框架命令建立中间网壳（图3-104）。下层网壳绘制结束后如图3-105所示。

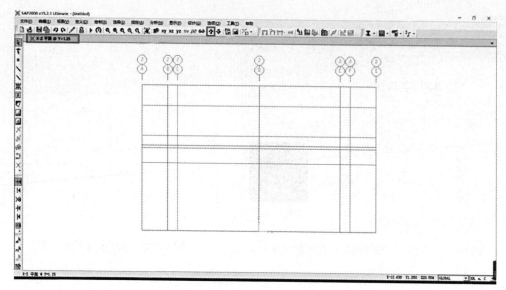

图3-103 *XZ*视图界面@*Y*=1.25

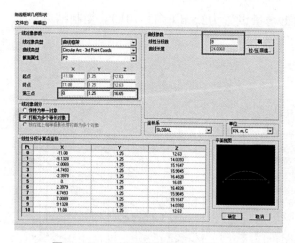

图3-104 下层网壳框架尺寸几何定义

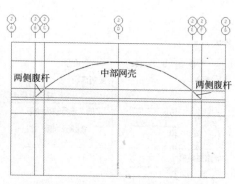

图3-105 下层网壳绘制结果

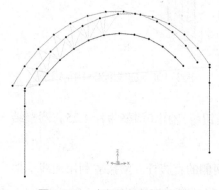

图3-106 中部连接腹杆绘制

紧接着三维视图进行上下网壳中部连接腹杆的绘制，如图3-106所示，先进行一半的腹杆绘制，另一半腹杆后续采用复制的方式来进行绘制。在绘制内层和外层纵向杆时为了简化操作采用点拉伸命令进行绘制，具体为先将拉伸点选取，然后点击编辑>拉伸进入"点拉伸成线"对话框（图3-107），最后设置好拉伸方向为*Y*向，长度为2.5m，材料截面为P4，点击确定。拉伸结束后如图3-108所示。

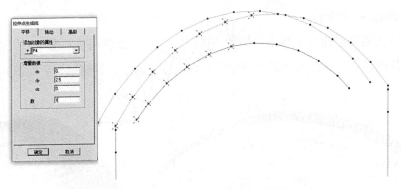

图3-107　点拉伸成线绘制中部腹杆

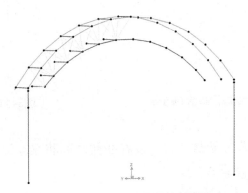

图3-108　中部连接腹杆绘制结果

接下来进行屋面板的绘制，点击工具栏绘制多边形命令，截面选择"空"，分别以相邻四个点为一组点选上层网壳绘制屋面板，绘制结束后如图3-109所示。

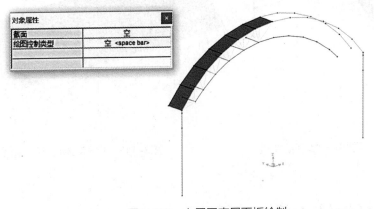

图3-109　上层网壳屋面板绘制

然后将左侧屋面板、腹杆、纵向杆利用镜像命令（Ctrl+R）绘制右侧网壳结构，绘制结构后如图3-110所示。

到此为止相当于建立了网壳结构的一个单元，接下来利用复制命令可以很容易地建立网壳的其他部分，先将网壳的上部结构向纵向复制两个，复制结构后如图3-111所示。

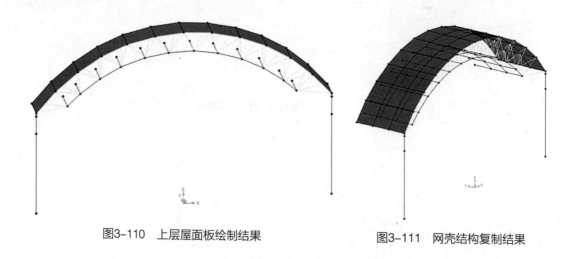

图3-110　上层屋面板绘制结果　　　　　　图3-111　网壳结构复制结果

然后将结构的柱纵向复制过去。接着在柱之间将梁绘制上去。绘制结束后如图3-112所示。

紧接着根据图纸将绘制好的结构（图3-112）沿纵向复制7次，如图3-113所示。至此为止整个双层网壳结构绘制完成。

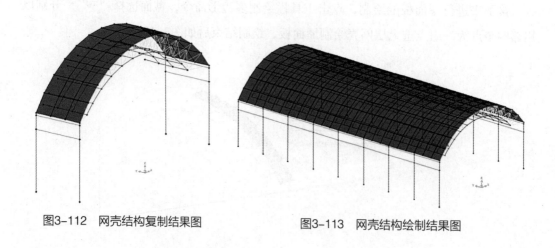

图3-112　网壳结构复制结果图　　　　　　图3-113　网壳结构绘制结果图

3.3.3　复杂结构分析

为方便荷载的施加，将上述建立的双层网壳结构进行一些分组，其中上部网壳组定义为Truss，梁和柱定义为Concrete，上部1屋面板定义为Roof，柱顶支座定义为Beating。见下图3-114 ~ 图3-117所示。

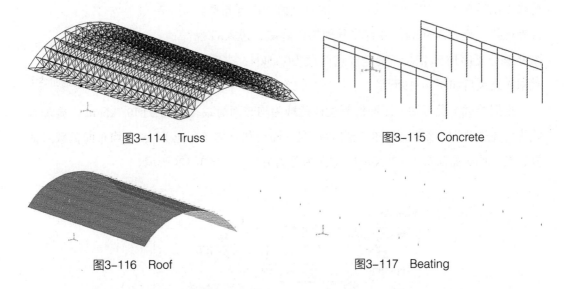

图3-114　Truss

图3-115　Concrete

图3-116　Roof

图3-117　Beating

1．静力分析

针对上述建立的双层网壳结构施加一些静力荷载进行结构的静力分析。静力荷载包括以下几个部分：

1）结构自重：自重系数为1.0。

2）螺栓球自重：节点荷载。支座节点为0.15kN，其余节点为0.06kN。

3）屋面板自重：均布面荷载，重力方向0.7kN/m²。

结构自重通过软件中荷载模式自主计算并施加，节点荷载施加方式为选择上部网壳组Truss（快捷键Ctrl+G），然后点击指定＞节点荷载＞力，弹出均布节点荷载对话框（图3-118），设置节点荷载方向沿Z轴负方向，大小为0.06kN。

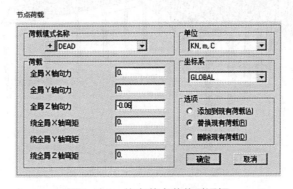

图3-118　均布节点荷载对话框

根据荷载工况可知，网壳中部节点荷载为0.06kN，而支座节点为0.15kN，先前的节点荷载施加的是全局的节点荷载（包括支座），因此需要对支座的节点荷载进行调整。首先选择支座组Beating，并且将其他构件隐藏，进入XZ视图并框选支座顶部节点，指定节点荷载为0.15kN，支座荷载施加结束后如图3-119所示。

图3-119 支座荷载施加结果

根据荷载工况可知，屋面混凝土板荷载为均布面荷载，重力方向0.7kN/m²。施加方式为首先选择屋面组Roof，框选之后指定＞面荷载＞均布（壳），弹出均布面荷载对话框，设置均布面荷载为0.7kN/m²，方向为重力方向，如图3-120所示。

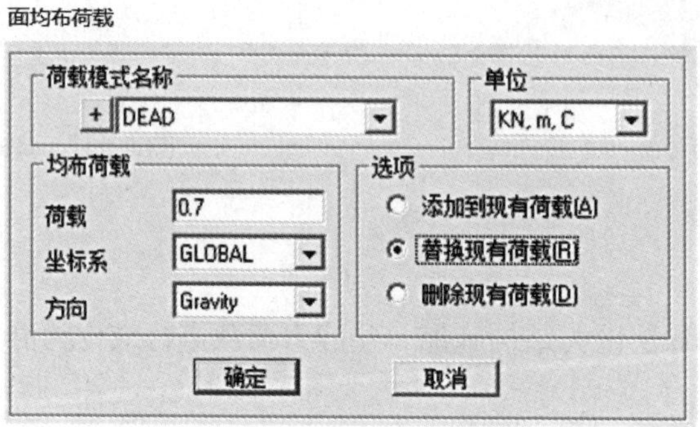

图3-120 屋面均布荷载定义

荷载施加结束后点击运行分析，经计算点击显示＞力/应力＞框架/索，双层网壳结构在静力荷载下轴力如图3-121所示。

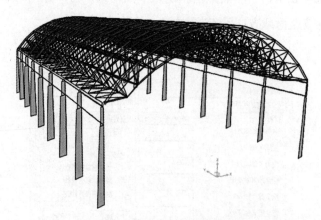

图3-121 静力荷载下结构轴力图

2．模态分析

定义模态荷载工况，修改荷载工况模态类型为Ritz向量，输出最大振型数改为20，分别施加X、Y、Z三个方向上的加速度荷载，模态荷载工况定义如下图3-122所示，第一振型计算结果如图3-123所示。

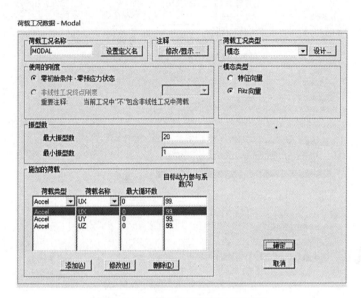

图3-122 模态分析荷载工况定义

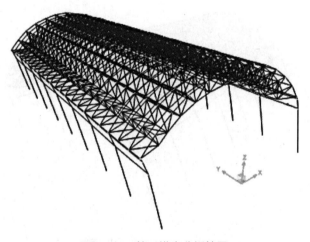

图3-123 第一模态分析结果

3．动力分析（反应谱分析）

定义反应谱分析荷载工况，分别定义X、Y、Z三个方向的反应谱分析工况，反应谱

函数选取为Chinese2010标准反应谱，反应谱荷载工况定义如图3-124所示，X向反应谱
分析计算结果如图3-125所示。

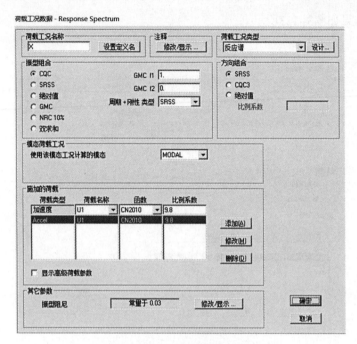

图3-124　反应谱函数定义

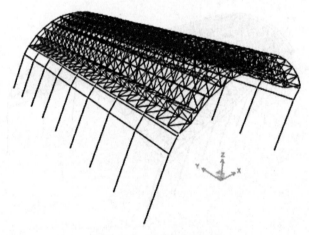

图3-125　反应谱分析结果

4．屈曲分析

定义屈曲分析荷载工况，输出前6阶屈曲模态，屈曲荷载工况定义如图3-126所示，
第一阶屈曲分析计算结果如图3-127所示。

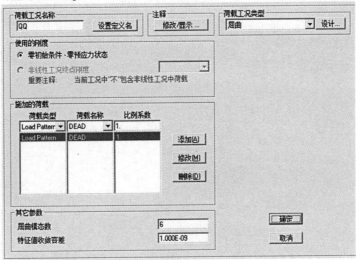

图3-126　屈曲荷载工况定义

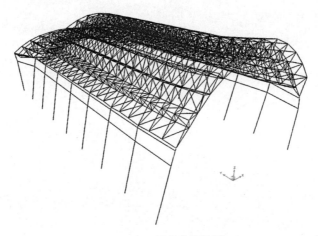

图3-127　屈曲分析结果

第4章

经典赛题解析

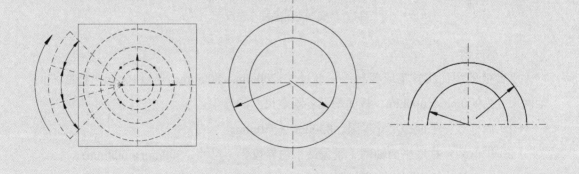

4.1 第十届全国大学生结构设计竞赛赛题（大跨度屋盖结构）

4.1.1 赛题简介

1. 赛题背景

改革开放以来，大跨度结构的社会需求和工程应用逐年增加，这给我国大跨度结构的进一步发展带来了良好的契机，同时也对我国大跨度结构技术水平提出了更高的要求。

2. 赛题概况

总体模型由承台板、支承结构、屋盖三部分组成（图4-1）。

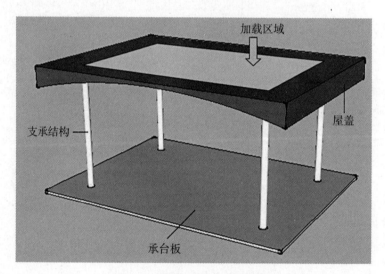

图4-1 模型三维透视示意简图

1）承台板

承台板采用优质竹集成板材，标准尺寸1200mm×800mm，厚度16mm，柱底平面轴网尺寸为900mm×600mm，板面刻设各限定尺寸的界限：

（1）内框线：平面净尺寸界限，850mm×550mm；

（2）中框线：柱底平面轴网（屋盖最小边界投影）尺寸，900mm×600mm；

（3）外框线：屋盖最大边界投影尺寸，1050mm×750mm。

承台板板面标高定义为±0.00，见图4-2。

2）支承结构

仅允许在4个柱位处设柱（图4-2中阴影区域），其余位置不得设柱。柱的任何部分

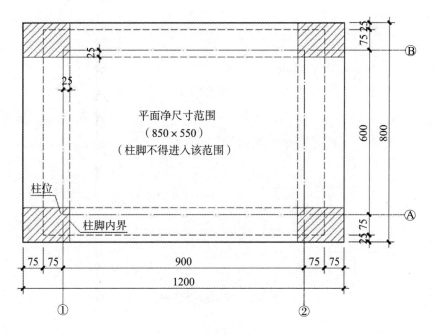

图4-2 承台板平面尺寸图

（包括柱脚、肋等）必须在平面净尺寸（850mm×550mm）之外，且满足空间检测要求，即要求柱设置于四角175mm×125mm范围内。

柱顶标高不超过+0.425（允许误差+5mm），柱轴线间范围内+0.300标高以下不能设置支撑，柱脚与承台板的连接采用胶水粘结。

3）屋盖结构

屋盖结构的具体形式不限，屋盖结构的总高度不大于125mm（允许误差+5mm），即其最低处标高不得低于0.300m，最高处标高不超过0.425m（允许误差+5mm）。

平面净尺寸范围（850mm×550mm）内屋盖净空不低于300mm，屋盖结构覆盖面积（水平投影面积）不小于900mm×600mm，也不大于1050mm×750mm，见图4-3。不需制作屋面。

屋盖结构覆盖面积（水平投影面积）不小于900mm×600mm，也不大于1050mm×750mm。但不限定屋盖平面尺寸是矩形，也不限定边界是直线。

屋盖结构中心点（轴网900mm×600mm的中心）为挠度测量点。

3．剖面尺寸要求

模型高度方向的尺寸以承台板面标高为基准，尺寸详见图4-4、图4-5。

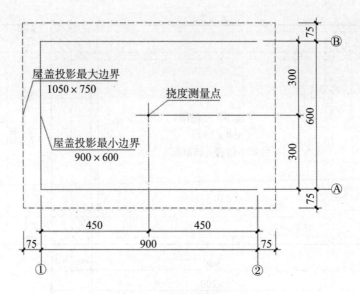

图4-3 屋盖结构尺寸图

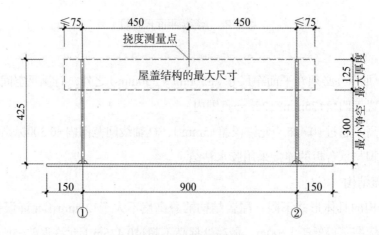

图4-4 结构剖面图A

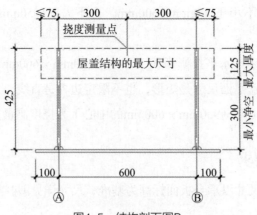

图4-5 结构剖面图B

4.1.2 模型材料及制作工具

1. 竹材

竹材规格及数量根据主办方提供，竹材参考力学指标如表4-1所示。

竹材参考力学指标　　　　　　　　　　　　　　表4-1

密度	顺纹抗拉强度	抗压强度	弹性模量
0.789g/cm³	150MPa	65MPa	10GPa

2. 制作工具

由主办方提供建模用每队配置工具和公用工具若干。

3. 测试附件

测试附件为100mm×100mm×0.8mm的铝片，重17.5g，用于挠度测试。重量不计入模型重量。铝片中心刻有直径10mm及直径50mm的圆痕。

4. 屋面材料

屋面材料采用柔软的塑胶网格垫，厚度约3mm。尺寸为1.5：1的矩形，四周切为弧形，具体尺寸：长约108cm，宽约72cm，切弧半径为175mm，以满足重量1kg为准（误差0.5g），中间位置开直径80mm的圆孔（挠度测试之需），详见图4-6。

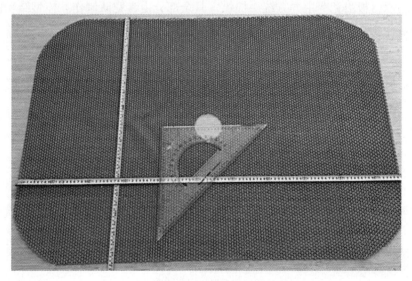

图4-6　屋面材料

5．加载材料

加载材料采用软质塑胶运动地板（图4-7），尺寸950mm×650mm，四周切为弧形，中央开直径80mm的圆孔（挠度测试之需）。

加载材料厚度约2.4mm。单块重量2kg，误差控制在1g以内，大于2kg的部分通过均匀开小孔（孔径10mm）的方式减去，小于2kg的粘贴小块材料补足。

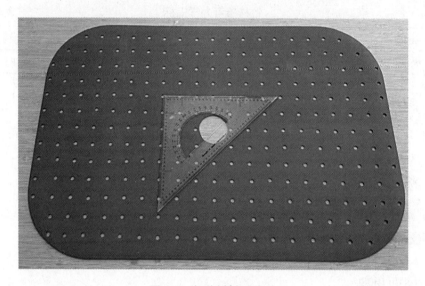

图4-7　加载材料尺寸图

4.1.3　模型制作要求

模型的承台板由竞赛主办方统一提供，其余部分由参赛队制作。模型结构的所有杆件、节点及连接部件均采用给定材料与粘结胶水手工制作完成。

测试附件粘贴要求：测试附件（铝片）粘贴于屋盖结构中心处（见图4-3～图4-5），且铝片中心区域（直径50mm）表面应平行于承台板面。屋面材料铺设后，必须能与铝片接触。

4.1.4　加载过程

先铺屋面材料，作为预加载，然后位移计读数清零。模型加载分为两个阶段：

1．第一阶段：标准加载14kg（七张胶垫）

先加第一级，6kg（三张胶垫逐张加载），完成后持荷20s，测试并记录测试点挠度值。

再加第二级，8kg（四张胶垫逐张加载），完成后持荷20s，测试并记录测试点挠度值。

第一阶段加载时的允许挠度为[w] = 4.0mm。

2. 第二阶段：最大加载

第二阶段的最大加载量由各参赛队根据自身模型情况自行确定，可报两个级别（定义为第三级和第四级），并应在加载前上报。荷载级别为胶垫的数量（即2kg的倍数）。

先加第三级，按上报加载量一次完成加载，持荷20s，如结构破坏，终止加载，且本级加载量不计入成绩；如结构不破坏，继续加载。

再加第四级，按上报加载量一次完成加载，持荷20s，加载结束。如结构破坏，本级加载量不计入成绩；如结构不破坏，本级加载量计入成绩。

第二阶段加载时不进行挠度测试。

4.1.5 赛题分析及计算书

本作品结构的传力过程是将均布的竖向荷载转化为沿拱轴方向的推力，交叉拱直接将力传递到柱子上，再经过水平方向的拉索与拱轴推力的水平分量相平衡，进而在拱和柱的铰节点处只有竖直向下的轴力，再由格构柱传到底板。拱轴是由四榀张弦梁组成，中间铰接，由于赛题对屋面结构有限高要求，并根据张弦梁的受力特点，在屋面结构的中心用撑杆来施加预应力，满足屋面结构对刚度和柔度的设计要求。

在制作期间我们根据实验结果，利用MIDAS软件对多种方案进行了建模分析选择出最优模型，并根据模型分析结果，分析出受弯扭剪最大的构件，对不同受力杆件的截面和材料进一步改进，让结构更合理，以充分利用材料性能。参赛者经过反复的实验，最终让模型的每一构件利用到极限，发生整体破坏。

关键词：张弦结构；空间桁架；预应力；无推力拱；MIDAS。

1. 设计思路

竹材基本参数按题目要求选定。模型上部结构为上承式，主体结构为张弦梁与空间桁架组合结构，屋面支柱采用格构式柱体。

本赛题选用张弦结构作为本次参赛的模型结构。其受力机理为通过在下弦拉索中施加预应力使上弦压弯构件产生向上的挠度，结构在荷载作用下的最终整体挠度得以减少，而撑杆对上弦的压弯构件有向上的反力，改善结构的受力性能。一般上弦的压弯构件采用拱梁或桁架拱，在荷载作用下拱的水平推力由下弦的抗拉构件承受，减轻拱对支座产生的负担，减少滑动支座的水平位移。由此可见，张弦结构可充分发挥高强索的强抗拉性能改善整体结构受力性能，使压弯构件和抗拉构件取长补短，协同工作，达到自平衡，充分发挥了每种结构材料的作用。

所以，张弦结构在充分发挥索的受拉性能的同时，由于具有抗压抗弯能力的桁架或拱而使体系的刚度和稳定性大为加强。并且由于张弦结构是一种自平衡体系，使得支撑结构的受力大为减少。如果在施工过程中适当的分级施加预拉力和分级加载，将有可能使得张弦梁结构对支撑结构的作用力减少到最小限度。

本次参赛模型由屋面结构以及柱体两部分组成，模型主体屋面结构采用空间桁架与张弦组合结构。

根据赛题需要，模型高度存在要求（整体不大于125mm，且存在30mm的净空），本次比赛的要求相较于历年赛题最大不同在于对模型挠度的控制（4mm±0.5mm），对于模型刚度存在一定的要求。根据赛题要求，本次结构设计大赛的作品应该是大跨度屋盖结构，例如体育场馆、会议展览馆、机场航站楼等社会公共建筑，在制作上更应该考虑美观度以及实用性，因此上部屋面结构采用张弦结构，柱采用格构式。

在满足强度和稳定的前提下，对结构控制作用的变量主要是模型自重、构件截面、跨度布置等的设计分布。各个变量彼此相关，不同的结构选型在这些方面有较大的差异，需要一一在理论和实践上进行分析和比较。同时，由于是竖向均布荷载，并且设计的模型要满足一定的挠度范围，模型设计应考虑纵横向水平荷载作用下结构能否满足强度和变形的要求。

在结构选型中，对各种结构形式进行了比较详尽的理论分析和实验比较，着重分析结构变形和不同截面构件连接形式的整体刚度，以期达到较大的效率比。具体措施有以下几点：

1）根据模型的制作材料，选择适当的结构形式，提高结构刚度和整体性，符合"强柱弱梁"，"强剪弱弯"的抗侧向变形要求。

2）针对不同的结构形式，在保证安全可靠的前提下，尽量优化模型、减轻质量，使荷质比达到最大。

3）针对不同的荷载分布，通过大量加载实验，观测模型的变形和位移，在满足安全的前提下，尽可能提高效率比。

4）制作材料是竹条和竹皮纸，竹皮纸的材料性能已知。

5）合理运用竹条材料的特性，充分发挥其优越的力学性能。

6）所有杆件的节点处理必须尽心，以保证安全。

7）精心设计和制作构件及节点，发现问题及时解决，从实践中不断总结，敢于创新，打破思维定势的约束。

8）合理借鉴其他团队的成功经验，经常合作交流。

2．结构选型

为合理设计模型结构形式，对于不同桥梁结构形式进行了具体分析。

1）上部屋盖选型

屋盖选择张弦结构（图4-8、图4-9），从截面内力来看，张弦结构同简支梁一样可承受整体弯矩和剪力。张弦结构上弦构件压力产生的弯矩和下弦拉索形成的等效力矩平衡。由于张弦结构只布置竖向撑杆，且下弦拉索不能承担剪力，那么整体剪力基本由上弦构件承受，张弦结构的下弦拉索使得它可以承担更大的拉力。

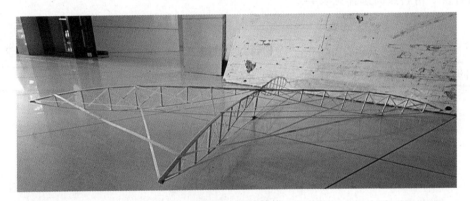

图4-8　张弦结构

图4-9　张弦结构侧视图

2）柱体结构选型

柱体结构形式皆是格构式（图4-10），格构柱用作压弯构件，多用于厂房框架柱和独立柱，截面一般为型钢或钢板设计成双轴对称或单轴对称截面。格构体系构件由肢件和缀材组成，肢件主要承受轴向力，缀材主要抵抗侧向力（相对于肢体轴向而言）。格构柱缀材形式主要有缀条和缀板。格构柱的结构特点是，将材料

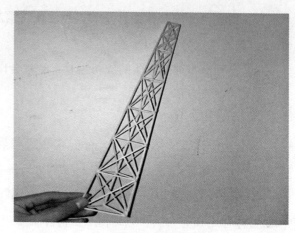

图4-10　格构柱

面积向距离惯性轴远的地方布置，能保证相同轴向抗力条件下增强构件抗弯性能，并且节省材料。材料截面选择见表4-2。

材料截面选择　　　　　　　　　　　　表4-2

构件编号	名称	截面尺寸（单位：mm）	实体效果图
1	张弦拉索	2×2	
2	桁架撑杆	3×3	
3	张弦拱轴	3×6	

构件编号	名称	截面尺寸（单位：mm）	实体效果图
4	张弦拱轴局部加固	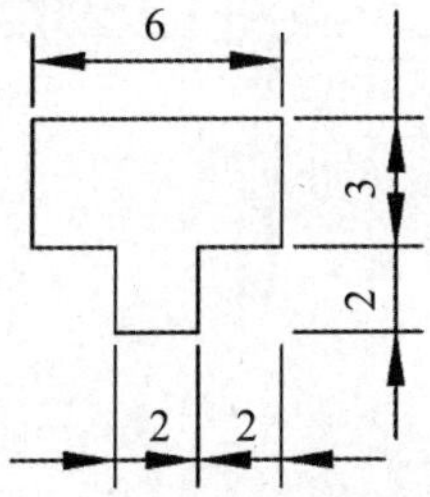	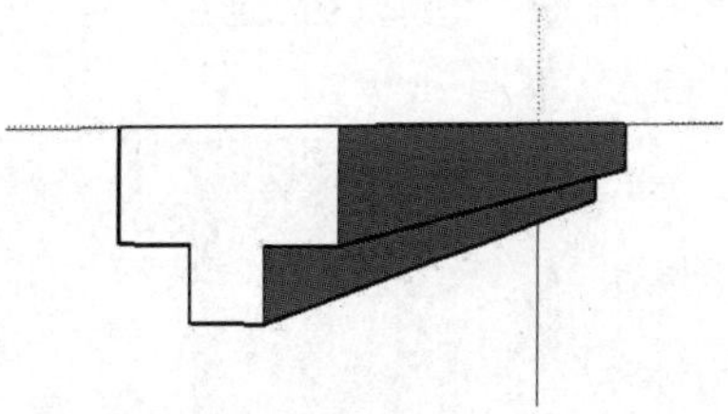
5	格构柱肢件	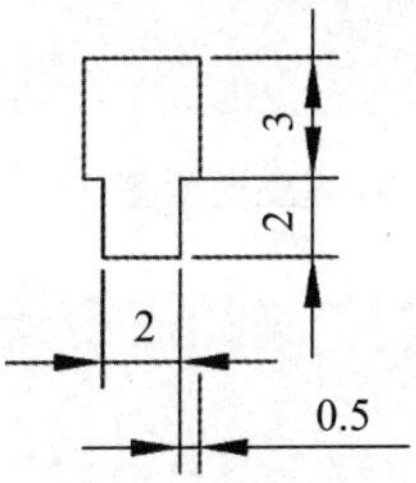	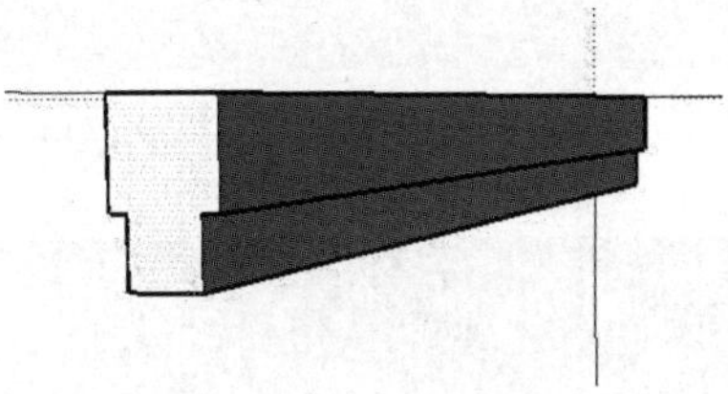
6	张弦结构撑杆加强	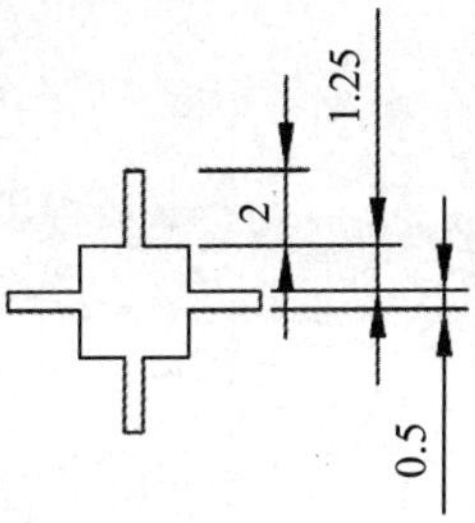	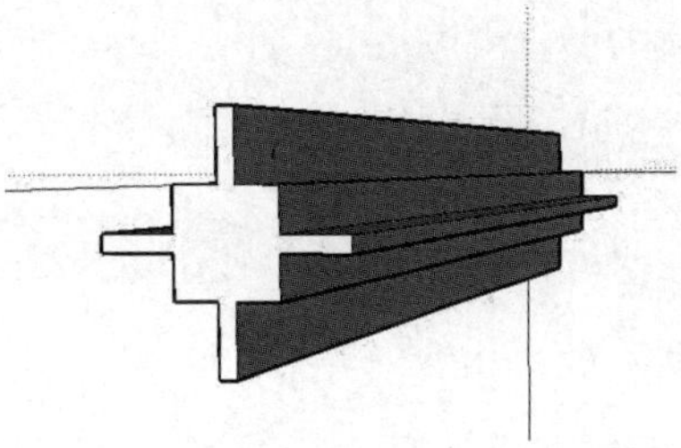
7	桁架拉索	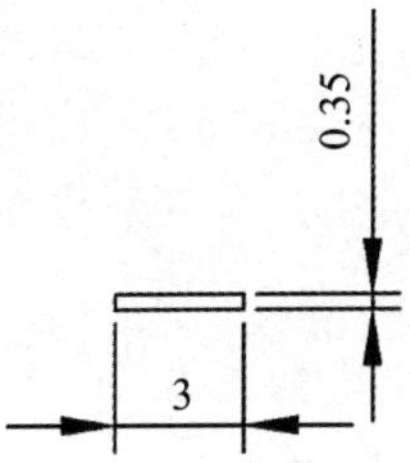	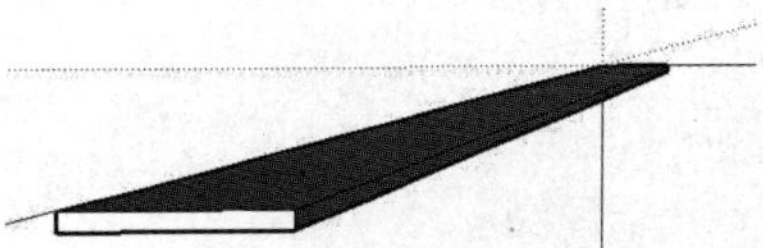
8	格构柱斜向拉索	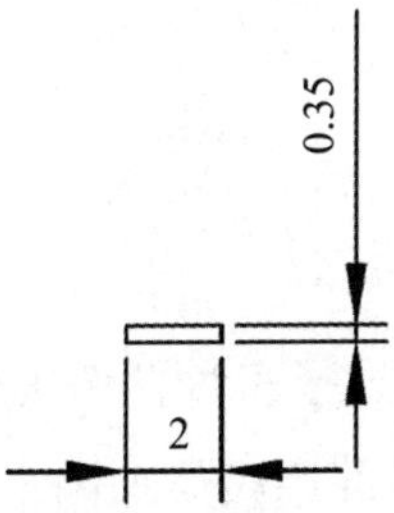	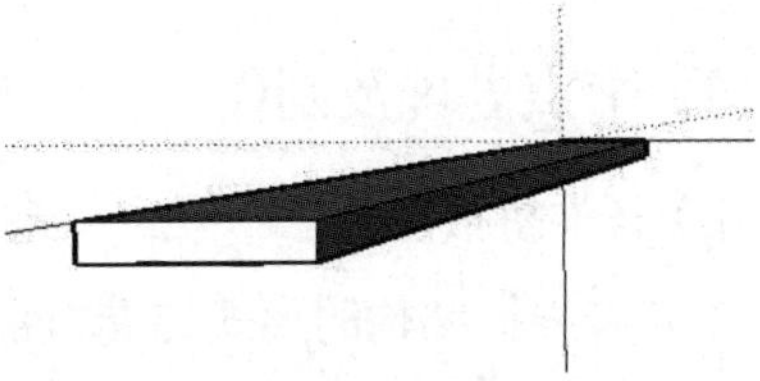

3）模型结构图

模型建模如图4-11所示，模型实物图见图4-12。

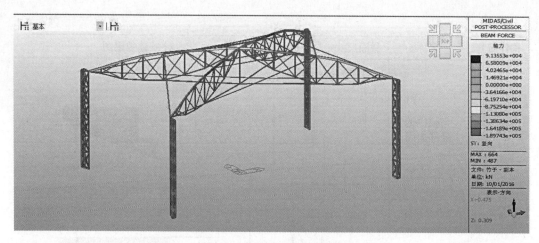

图4-11　MIDAS建立模型图

图4-12　模型实物图

3．节点处理及制作

1）杆件拼接连接

参赛者根据结构的形式和受力特性，采取了多种杆件拼接形式：

（1）对于上部屋面的张弦结构，拱轴局部用腹梁加固，构成T形截面，翼缘和腹板用502胶直接加固。

（2）整个屋面结构的底端拉索的拼接处处理采用并杆的方式进行局部加固处理。

（3）由于交叉拱轴长度大于提供的材料长度，所以对于拱轴的拼接采用左右两边并杆增大截面的方式进行加固处理。

（4）屋面结构的中心，采用铰节点的方式将四榀张弦结构链接，按照上下面的不同分别削弱拱轴截面的0.5倍进行搭接，以此来保证顶部持平，张弦结构完全对称，最后用打磨的竹粉填补缝隙，滴502胶达到强度。

2）节点连接

节点设计秉承"概念清晰、受力明确、传力简洁"的设计理念，确保各节点受力处于理想状态，使各杆件轴向力交汇于节点中心。所有节点采用502胶粘接，使同一节点各构件的截面中心线交于一点。

（1）张弦桁架结构撑杆与拱轴的节点以直接对接的方式用502胶加固，再在左右两边加隔板加固（图4-13a）。

（2）张弦桁架结构和下方的拉索节点采用对接后加防滑片的节点处理方式，防止底端节点出现滑移（图4-13b）。

（3）张弦桁架结构跨与跨之间的斜拉条在两端节点处，同时对撑杆和拉索与拱轴的节点进行加固，增加抗滑移性（图4-13c）。

（4）拉索与拉索的交汇处采用剪断一根，另外一根分别从两侧进行局部加固，再用打磨的竹粉填补缝隙滴加502胶的处理方式（图4-13d）。

（5）拉索与拱轴的节点采用增大接触面积，在拉索的两端并杆，再用打磨的竹粉填补缝隙，滴加502胶（图4-13e）。

（6）屋面结构的中心，采用铰节点的方式将四榀张弦结构链接，按照上下面的不同分别削弱拱轴截面的0.5倍，进行搭接，以此来保证顶部持平，张弦结构完全对称，最后用打磨的竹粉填补缝隙，滴502胶，达到强度（图4-13f）。

（7）上部结构和柱子之间的搭接采用铰接的方式，用竹粉填满缝隙再滴502胶即可（图4-13g）。

3）柱脚节点

本作品模型每一个柱有3个柱脚，呈等腰直角三角形分布，柱脚通过交叉构件固定，柱脚和底板采用铰接的方式，在柱脚的边缘填满竹粉，滴上502胶之后，可迅速将柱脚和底板连成整体，具备强度。

制作工具按赛题规定准备。

4. 设计计算

1）基本假定

（1）柱体与上部屋面之间的连接方式为铰接。

图4-13 各节点连接细部示意图

（a）撑杆与拱轴节点示意图；（b）节点加防滑片示意图；（c）撑杆、拉索和拱轴连接节点示意图；（d）下拉索交汇节点示意图；（e）拉索与拱轴节点示意图；（f）拱轴交汇节点示意图；（g）屋盖结构与柱连接节点示意图

（2）上部屋面结构各节点连接方式为铰接。

（3）所有结构构件均在弹性范围内工作，计算时不考虑材料非线性。

（4）上部的均布荷载等效为梁上的分布荷载。

（5）柱脚的边界条件为铰接。

2）模型建立

大跨度模型采用MIDAS有限元软件进行模拟。考虑到建模难度，柱假定为直柱，全局采用梁单元建模。共划分733个单元。整体模型见图4-14。

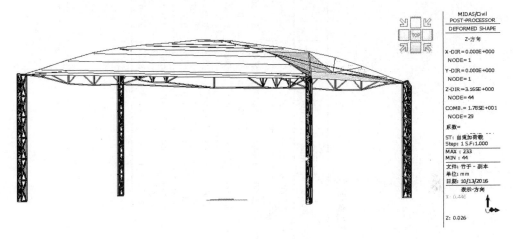

图4-14　结构建模示意图

本次比赛建模过程中应用的截面及其截面参数见表4-3。

3）基本计算参数

竹材按题目规定选用。模型上部结构为上承式，主梁为张弦梁。屋面支柱采用格构式柱体。节点处连接方式为502胶水胶接，可看作是铰接点。

4）内力计算

模型加载分为两个阶段，第一阶段模拟实际结构的正常使用极限状态，第二阶段模拟实际结构的承载力极限状态。

（1）第一阶段

第一阶段分为两级，第一级加载和第二级加载。

①位移计读数清零，此后，屋面网格位置不能再调整，并开始计时。

②第一级加载6kg（三张加载块，逐张加载），加载完成后持荷20s，然后读取挠度值（挠度读数精确到0.01mm）。

③第二级加载8kg（四张加载块，逐张加载），加载完成后持荷20s，然后读取挠度值（挠度读数精确到0.01mm）。

材料截面参数表

表4-3

名称	面积 (mm²)	A_{sy} (mm²)	A_{sz} (mm²)	I_{xx} (mm⁴)	I_{yy} (mm⁴)	I_{zz} (mm⁴)	C_{yp} (mm)	C_{ym} (mm)	C_{zp} (mm)	C_{zm} (mm)	Q_{yb} (mm²)	Q_{zb} (mm²)	周长(外) (mm)	周长(内) (mm)
上弦杆截面	9.0000	4.5000	6.0000	24.1776	37.6875	10.5000	1.5000	1.5000	3.2500	2.7500	8.2813	3.0000	18.0000	13.0000
中杆/竖腹杆	9.0000	7.5000	7.5000	11.3906	6.7500	6.7500	1.5000	1.5000	1.5000	1.5000	1.1250	1.1250	12.0000	0.0000
弦	1.0000	0.8333	0.8333	0.0702	0.3333	0.0208	0.2500	0.2500	1.0000	1.0000	0.5000	0.0313	5.0000	0.0000
拉条	1.5000	1.2500	1.2500	0.1119	0.0313	1.1250	1.5000	1.5000	0.2500	0.2500	0.0313	1.1250	7.0000	0.0000
下弦杆	4.0000	3.3333	3.3333	2.2500	1.3333	1.3333	1.0000	1.0000	1.0000	1.0000	0.5000	0.5000	8.0000	0.0000
柱子条	0.4000	0.3333	0.3333	0.0050	0.1333	0.0013	0.1000	0.1000	1.0000	1.0000	0.5000	0.0050	4.4000	0.0000
边柱的角钢	3.7500	1.6667	1.6667	0.3125	5.5615	5.5615	2.8167	1.1833	1.1833	2.8167	3.9668	3.9668	16.0000	0.0000

（2）第二阶段

第二阶段分为两级，第三级加载和第四级加载。

①撤除激光位移计。

②根据各队书面申报的第二阶段的加载量（两级）加载，完成加载。

③每级加载量必须足额完成。

④第三级加载，可一次完成，也可分次完成，自定。加载完成后持荷20s。

⑤第四级加载，可一次完成，也可分次完成，自定。加载完成后持荷20s。

根据大跨度屋面模型受力情况，有限元分析时共分4个工况进行：

①第一级加载6kg（三张加载块，逐张加载），按影响线最不利工况加载，加载完成后持荷20s，然后读取挠度值（挠度读数精确到0.1mm）；

②第二级加载8kg（四张加载块，逐张加载），按影响线最不利工况加载，加载完成后持荷20s，然后读取挠度值（挠度读数精确到0.1mm）；

③第三级加载16kg（八张加载块，逐张加载），按影响线最不利工况加载，加载完成后持荷20s；

④第三级加载10kg（五张加载块，逐张加载），按影响线最不利工况加载，加载完成后持荷20s；各工况在荷载作用下屋面的拱轴受压，下弦受拉，竖腹杆受压，表中应力数据"+"代表受拉，"-"代表受压，最大挠度方向为竖直向下。

各工况下主要构件的应力水平较低，拉应力最大36.9MPa，压应力最大39.4MPa，应力远小于竹皮材料的抗拉和抗压强度，竖向最大挠度3.62mm。

5）位移计算

第一阶段分为两级，第一级加载和第二级加载。

位移计读数清零，此后，屋面网格位置不能再调整，并开始计时。

第一级加载6kg（三张加载块，逐张加载），加载完成后持荷20s，然后读取挠度值（挠度读数精确到0.1mm）。

第二级加载8kg（四张加载块，逐张加载），加载完成后持荷20s，然后读取挠度值（挠度读数精确到0.1mm）。

最中心点的位移见表4-4。

最中心点的位移 表4-4

6kg时中心点位移（mm）	14kg时中心点位移（mm）
$D_X = -1.541\,93$	$D_X = -3.983\,71$
$D_Y = 1.4798$	$D_Y = 2.314\,39$
$D_Z = -1.893$	$D_Z = -3.834\,81$

6）承载力计算

对于第二阶段的加载极限承载力，赛题规定为：

（1）加载过程中，若模型结构发生整体倾覆、垮塌，则终止加载，本级加载及以后级别加载成绩为零（即第三级加载出现此情况，加载项成绩算第二级加载成功的成绩）；

（2）加载过程中，若模型结构未发生整体倾覆、垮塌，但有局部杆件的破坏、脱落或过大变形，则可继续加载。

我们用MIDAS软件分析模型在承载能力极限状态下的破坏形式（图4-15~图4-17）：

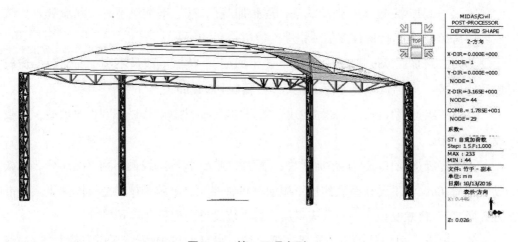

图4-15　第一工况变形

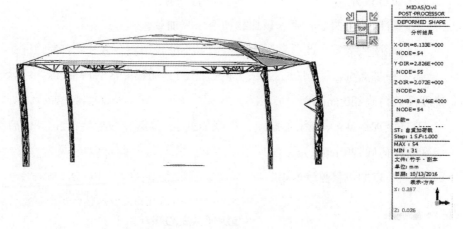

图4-16　第二工况变形

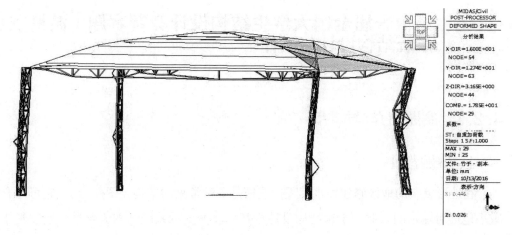

图4-17　第三工况变形

承载力极限表现为构件的屈曲或者屈服，本模型利用MIDAS进行计算的结果发现模型的横向位移要远大于竖向位移，最终柱子先发生屈服变形破坏。于是我们又使模型只发生竖向变形的情况下，对模型进行模拟，发现这种的承载力要远大于我们的先前预估值。所以我们在实验中重新改进了柱的强度，使之和上部结构的承载力达到一个平衡值，希望充分利用材料性能。最终参赛者经过反复的实验，让模型的每一构件利用到极限，发生整体破坏。

整个模型制作由三位同学完成，分别负责主梁制作、柱体制作、上部屋面拼接、模型拼装。模型制作流程如图4-18所示。

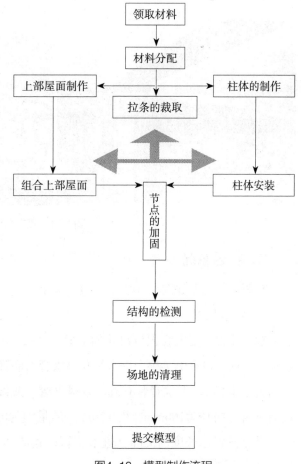

图4-18　模型制作流程

4.2 第十一届全国大学生结构设计竞赛赛题（渡槽支承系统结构设计与制作）

4.2.1 赛题简介

1. 赛题背景

在地形复杂的地区修建输水工程，渡槽是一种常见的结构（图4-19），它可以有效减小地形对输水的限制。本次结构设计竞赛以渡槽支承系统结构为背景，通过制作渡槽支承系统结构模型并进行输水加载试验，共同探讨输水时渡槽支承系统结构的受力特点、设计优化、施工技术等问题。

图4-19　渡槽结构

2. 赛题概况

赛题总示意图如图4-20所示，包括输水装置、承台及支承系统结构模型。

1）输水装置

输水装置主要由容积为128L的水桶、水泵（0.75kW）、进水管、出水管、输水管等组成。水桶下设有电子秤。进水管及出水管为硬管，进水管装有排气管（兼做溢流管，可回流至水桶），出水管装有阀门及排气管（兼做溢流管，可回流至水桶）。输水管为加筋软管（内径为100mm，壁0.7mm，质量约为0.58kg/m），两端分别与进、出水管相连，其自然状态长度为6.5m。进水管管口底部到承台板面高度为450mm，出水管管口底部到承台板面高度为250mm。

2）承台

承台包括钢管加劲承台板及承台支架，承台板直接搁置在承台支架上。承台板用

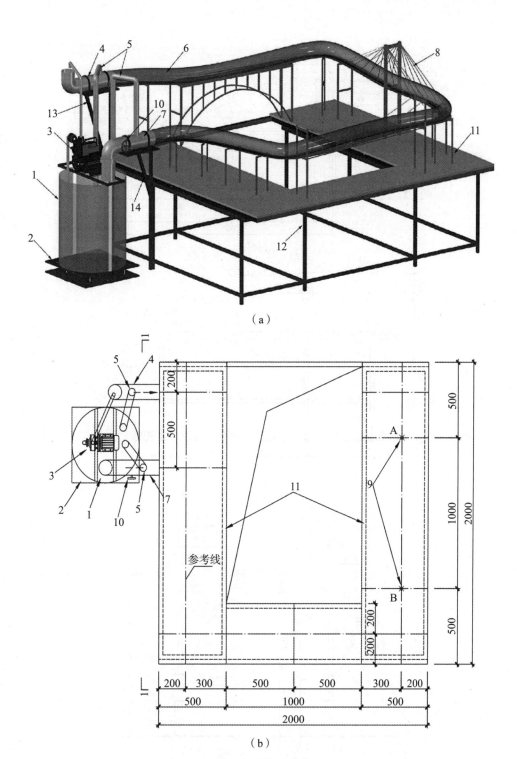

（a）

（b）

图4-20　总示意图

（a）三维示意图；（b）平面图

1—水桶；2—电子秤；3—水泵；4—进水管；5—排气管（兼溢流管）；6—输水管；7—出水管；
8—支承系统结构模型；9—灌溉点；10—阀门；11—钢管加劲承台板；12—承台支架；
13—进水管支架；14—出水管支架

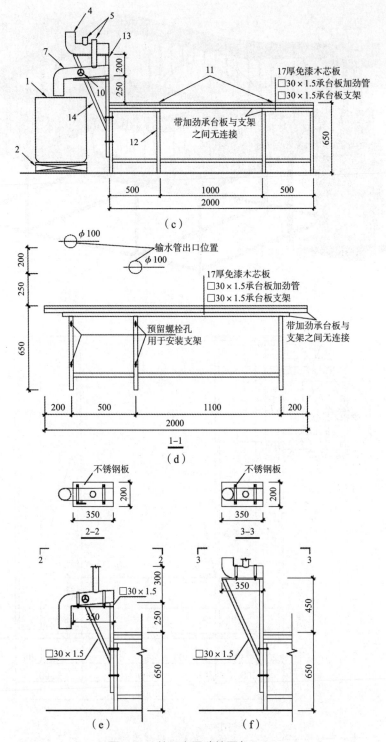

图4-20 总示意图（续图）

（c）立面图；（d）剖面图；（e）出水管支架详图；（f）进水管支架详图

1—水桶；2—电子秤；3—水泵；4—进水管；5—排气管（兼溢流管）；6—输水管；7—出水管；
8—支承系统结构模型；9—灌溉点；10—阀门；11—钢管加劲承台板；12—承台支架；
13—进水管支架；14—出水管支架

于固定支承系统结构模型，其平面尺寸如图4-20b所示，采用免漆木芯板板材，厚度为17mm，板面设有两个固定灌溉点A、B。

3）支承系统结构模型

支承系统结构模型用于支承输水管，可以自行选定输水路线，但应经过指定的两个灌溉点A、B，即输水管在承台板上的正投影应覆盖A、B两点。

3．模型安装及加载

1）模型安装

（1）先对模型进行称重，记M_1（单位：g）；

（2）将模型和输水管安装在承台板上；

（3）进行灌溉点检测，如未经过指定的两个灌溉点，则判定模型失效，不能进行加载；

（4）将承台板抬至承台支架上，将输水管与进水管及出水管相连；

（5）模型构件与构件之间可使用胶水（5g/瓶）连接，构件与承台板之间采用自攻螺钉（1g/颗）连接，总质量记为M_2（单位：g）。

2）模型加载

（1）关闭出水管阀门，工作人员记录电子秤读数W_0（单位：kg）；

（2）打开水泵，将水抽入进水管加载，当载入水重不小于50kg时关闭水泵（如不能达到50kg，则抽水时间不得多于90s），工作人员记录电子秤读数W_1（单位：kg）。持荷20s模型不发生整体垮塌（允许局部损坏，但输水管不得触碰承台板并且不能损坏），则加载阶段加载成功；否则加载失败，模型加载、卸载、输水效率得分均为0分；

（3）打开阀门，将水排入水桶中，排水2min时工作人员记录电子秤读数W_2（单位：kg）。卸载成功的条件和加载相同，不成功则模型卸载、输水效率得分均为0分。

4.2.2 模型材料及制作工具

1．竹材

材料采用本色复压竹材，提供的竹材规格及数量如表4-5所示，竹材力学指标参考表4-6。

竹材规格及数量   表4-5

类型	规格（mm）	质量（g/片或支）	数量（片/支）
竹片	1250×430×0.2（单层）	70	2
	1250×430×0.35（双层）	123	2
	1250×430×0.5（双层）	175	2
竹条	900×2×2	2.5	5
	900×3×3	5.6	5
	900×1×6	3.8	5

竹材参考力学指标   表4-6

密度	$0.8g/cm^3$
顺纹抗拉强度	60MPa
抗压强度	30MPa
弹性模量	6GPa

2．制作工具

由主办方提供建模用每队配置工具和公用工具若干。

4.2.3　赛题分析及计算书

本次渡槽赛题荷载主要为竖向荷载和水平水流冲击，本作品的结构传力主要有两个过程，其一是将竖向荷载和水平冲击由梁来承担，其二是梁将荷载传递到横向稳定性较好的轻质格构柱之上。梁整体为单跨梁加悬挑部分，在中间布置支撑柱。在第一段渡槽部分，采用桁架和张拉体系实现大跨度的要求。在第二段支撑平板处，使用高强双肢格构柱为受力支撑点，在柱体上部安装简易梁和悬臂梁，通过悬臂端的存水产生的力矩和简支梁中部存水的力矩平衡，从而减轻结构杆件数目。为减少拐角处水流的冲击和水管的水平张力，以直代曲，将水管敷设路线设置近似为弧线形。

在制作期间我们根据实验结果，利用MIDAS、SAP2000等软件对多种方案进行了建模分析选择出最优模型，并根据模型分析结果，分析出受弯扭剪最大的构件，对不同受力杆件的截面和材料进一步改进，让结构更合理，以充分利用不同材料的不同性能特点。参赛者经过反复的实验，最终把模型的每一个构件利用到极限。

关键字：张弦结构；空间桁架；大跨结构；竖向荷载；横向冲击；MIDAS。

1．设计说明

本次结构设计竞赛以渡槽支承系统结构为背景，通过制作渡槽支承系统结构模型并进行输水加载试验，共同探讨输水时渡槽支承系统结构的受力特点、设计优化、施工技术等问题。

赛题立足于结构设计极限状态（承载力极限状态和正常使用极限状态）的基本概念，融入刚柔并济的结构设计理念，以激发大学生的创新能力为宗旨，同时也使比赛富于竞争性、不定性，增加比赛的观赏性。

本次设计作品造型简洁、工艺精美、受力合理、结构材料效率比高，实现了模型自重轻、抗动荷载性能好的目标。我们的设计理念是以尽量少的构件及材料，组建强度高、抗动荷载好、稳定且高效的模型结构，在承受高荷载的基础上通过结构的柔性消减水流动荷载的冲击，保证结构的整体稳定性。合理的体系选取及构件截面设计，使该结构简洁实用、线条清晰有较好的视觉效果（图4-21）。

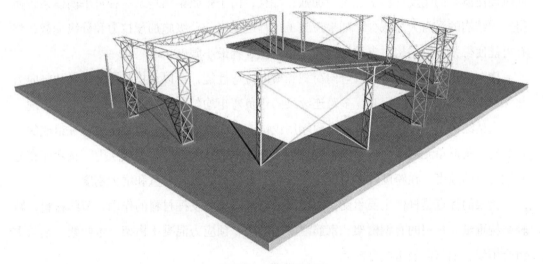

图4-21　模型概念图

1）基本参数

竹材基本参数按题目要求选定。

2）设计思路

本次结构设计竞赛以渡槽支承系统结构为背景，通过制作渡槽支承系统结构模型并进行输水加载试验，共同探讨输水时渡槽支承系统结构的受力特点、设计优化、施工技术等问题。

张弦梁结构通过在下弦拉索中施加预应力使上弦压弯构件产生反挠度，结构在荷载作用下的最终挠度得以减少，而撑杆对上弦的压弯构件提供弹性支撑，改善结构的受力性能。一般上弦的压弯构件采用拱梁或桁架拱，在荷载作用下拱的水平推力由下弦的抗拉构件承受，减轻拱对支座产生的负担，减少滑动支座的水平位移。由此可见，张弦梁结构可充分发挥高强索的强抗拉性能改善整体结构受力性能，使压弯构件和抗拉构件取长补短，协同工作，达到自平衡，充分发挥了每种结构材料的作用（图4-22）。

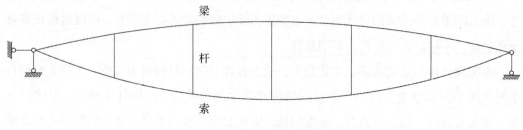

图4-22　张弦结构

所以，张弦梁结构在充分发挥索的受拉性能的同时，由于具有抗压抗弯能力的桁架或拱而使体系的刚度和稳定性大为加强；并且，由于张弦梁结构是一种自平衡体系，使得支撑结构的受力大为减少。如果在施工过程中适当的分级施加预拉力和分级加载，将有可能使得张弦梁结构对支撑结构的作用力减少到最小限度。

横向格构柱具有良好的抗竖向荷载和横向抗弯性能，可以承担张弦梁传来的竖向力并保证横向的稳定性。同时，多跨连续梁的正负弯矩均匀分配，避免弯矩极值的出现。

桁架结构是一种由杆件彼此在两端用铰链连接而成的结构。桁架是由直杆组成的一般具有三角形单元的平面或空间结构，桁架杆件主要承受轴向拉力或压力，从而能充分利用材料的强度，在跨度较大时可比实腹梁节省材料，减轻自重和增大刚度。

桁架的优点是杆件主要承受拉力或压力，可以充分发挥材料的作用，节约材料，减轻结构重量。常用的有钢桁架、钢筋混凝土桁架、预应力混凝土桁架、木桁架、钢与木组合桁架、钢与混凝土组合桁架。

柱体采用格构式柱，格构柱用作压弯构件，多用于厂房框架柱和独立柱，截面一般为型钢或钢板设计成双轴对称或单轴对称截面。格构体系构件由肢件和缀材组成，肢件主要承受轴向力，缀材主要抵抗侧向力（相对于肢体轴向而言）。格构柱缀材形式主要有缀条和缀板。格构柱的结构特点是，将材料面积向距离惯性轴远的地方布置。

本次参赛模型由连续张弦桁架结构大跨、单跨悬臂梁以及双肢格构柱体三部分组成，模型主体梁结构采用空间桁架与张弦组合结构。

根据赛题要求，模型进水管管口底部到承台板面高度为450mm，出水管管口底部到承台板面高度为250mm，整体长度为6.5m，需要经过A、B点，并且保持整体的坡度连续性，以保证输水效率。渡槽作为公共基础设施，在制作中要确保结构的稳定性，充分考虑建筑的实用性和安全性，因此柱体采用高强双肢格构柱和张弦大跨度结构。

在满足强度和稳定的前提下，对结构控制作用的变量主要是模型自重、构件截面、跨度布置等的设计分布。各个变量彼此相关，不同的结构选型在这些方面有较大的差异，需要一一在理论和实践上进行分析和比较。同时，由于是竖向均布荷载，并且设计的模型要满足一定的挠度范围，模型设计应考虑纵横向水平荷载作用下结构能否满足强度和变形的要求。在模型的水量卸载阶段，模型的变形应能在水量减少后能够恢复，保证坡度的连续性，减少管内积水。

在结构选型中，对各种结构形式进行了比较详尽的理论分析和实验比较，着重分析结构变形和不同截面构件连接形式的整体刚度，以期达到较大的效率比。具体措施有以下8点：

（1）根据模型的制作材料，选择适当的结构形式，提高结构刚度和整体性，符合"强柱弱梁"，"强剪弱弯"的抗侧向变形要求。

（2）针对不同的结构形式，在保证安全可靠的前提下，尽量优化模型、减轻质量，使荷质比达到最大。

（3）针对不同的荷载分布，通过大量加载实验，观测模型的变形和位移，在满足安全的前提下，尽可能提高效率比。

（4）制作材料是竹条和竹皮纸，竹皮纸的材料性能未知，需要通过实验实际进行测试。

（5）合理运用竹条材料的特性，充分发挥其优越的力学性能。

（6）所有杆件的节点处理必须尽心，以保证安全。

（7）精心设计和制作构件及节点，发现问题及时解决，从实践中不断总结，敢于创新，打破思维定势的约束。

（8）合理借鉴其他团队的成功经验，经常合作交流。

2. 结构选型

为合理设计模型结构形式，搜集了国内外相关资料，对于不同渡槽结构形式和类似的横向均布荷载梁进行了具体分析和实践操作，模型整体设计经历了刚性桁架、柔性桁架、张弦桁架和连续张弦桁架等部分。现对各方案的设计思路和优缺点进行论述。

1）大跨度渡槽部分选型

（1）刚性桁架梁结构

桁架是一种由杆件彼此在两端用铰链连接而成的结构。由直杆组成的一般具有三角形单元的平面或空间结构，桁架杆件主要承受轴向拉力或压力，从而能充分利用材料的强度。各杆件受力均以单向拉、压为主，通过对上下弦杆和腹杆的合理布置，可适应结构内部的弯矩和剪力分布。由于水平方向的拉、压内力实现了自身平衡，整个结构不对支座产生水平推力，从而对柱体仅施加竖向荷载，降低柱体重量。在实际制作和加载过程中，桁架梁十分稳固，但整体重量大，无法做到轻质高强，故舍弃此方案。

（2）柔性结构

利用竹材抗拉强度高，难以出现拉断的特性，将大跨度部分通过两根竹条连接，产生的竖向荷载和水平拉力传递到高强格构式之上。

在柱体结构，用柱体自身承接竖向压力，并在柱体施加预应力拉索，将拉索铆接在承台板上。在制作过程中，将大跨度竹杆之间的软管通道设置成为拱起形式，以保证在加载时因压力产生竖向挠度时，输水管恰成为水平形式（图4-23）。

虽然柔性大跨度结构渡槽所需材料自重最轻，并且易于制作，但预应力施加施工较为复杂，人工控制预应力大小误差过大，且高强度柱体使用较多自攻螺丝，故舍弃此方案。

图4-23 柔性结构

（3）张弦桁架结构

张弦桁架结构是张弦梁结构与普通桁架结构杂交得到的新型结构形式，它具有自重轻、跨度大、整体稳定性好，受力明确、整洁美观等优点，是近十年来逐渐广泛应用的一种新型大跨度空间结构形式。

从结构的受力特点来看，由于张弦结构的下弦采用高强度拉索或者钢拉杆，不仅可以承受结构在荷载作用下的拉力，而且可以适当地对结构施加预应力以改善结构的受力性能，从而提高结构的跨越能力。张弦结构是建筑师和结构工程师都乐于采用的一种大跨度结构形式。

普通的张弦桁架结构，上部桁架占自重的绝大部分，但因为桁架承受轴向压力，所以对桁架的防屈曲失稳和抗扭强度提出了较高要求，否则模型将出现失稳破坏。模型大跨度桁架部分自重难以进一步优化，因此在此基础上寻求更好的解决方案。（图4-24）

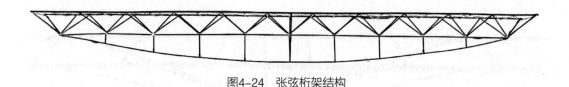

图4-24 张弦桁架结构

（4）连续张弦梁结构

从截面内力来看，张弦结构同简支梁一样承受整体弯矩和剪力。张弦结构在竖向荷载作用下的整体弯矩由上弦构件的压力和下弦拉索形成的等效力矩承担。由于张弦结构只布置竖向撑杆，且下弦拉索不能承担剪力，那么整体剪力基本由上弦构件承受，张弦结构的下弦拉索使得它可以承担更大的拉力。（图4-25、图4-26）

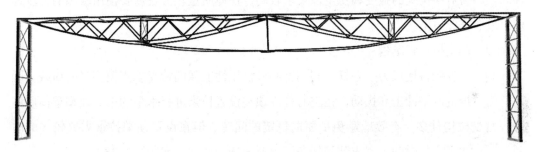

图4-25 大跨模型图

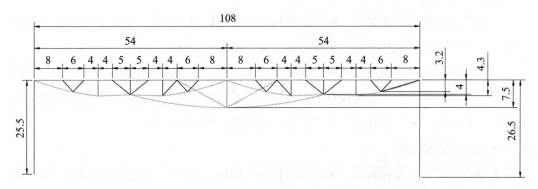

图4-26 大跨模型主视图

2）支撑平台处渡槽结构

（1）多跨连续张弦梁结构

从截面内力来看，张弦结构同简支梁一样承受整体弯矩和剪力。张弦结构在竖向荷载作用下的整体弯矩由上弦构件的压力和下弦拉索形成的等效力矩承担。由于张弦结构只布置竖向撑杆，且下弦拉索不能承担剪力，那么整体剪力基本由上弦构件承受，张弦结构的下弦拉索使得它可以承担更大的拉力（图4-27）。

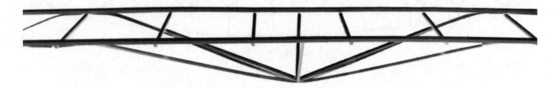

图4-27　多跨连续张弦梁结构

（2）T形梁格构柱式结构

通过502胶粘合1mm×6mm的集成竹材，制作出T形梁，利用竹材抗拉强度较高且弹性模量低的特性，采用T形梁自身承接加筋输水管，将荷载传递给刚度较强的格构柱。但因为对格构式的强度和稳定性要求较高，柱体质量较大且需要使用较多的自攻螺丝，故舍弃此方案。

（3）单支撑拉索结构

利用竹皮纸拼接成为空心杆，利用空心杆抗压性能强的特点承担模型竖向荷载。同时，为了抵抗水平冲击和扰动，在空心杆件顶端设置拉索进行水平约束。模型整体质量轻，且受拉构件多，有效地避免了屈曲稳定的问题。但在设置顶端拉索需要较多的时间，无法在规定的时间内完成装配任务，因此未选用此种方案（图4-28）。

（4）单跨悬挑结构

本模型为最终选型方案。采用双肢格构式和悬挑梁做成单跨，五个单跨梁将支撑平台覆盖，在模型受荷载作用时，格构柱成为最容易发生破坏的构件。

为了增强格构柱的稳定性，采用了减小长细比的方法设置大量横杆，同时为了达到轻质高强，减轻模型自重，将横杆用缀条代替，柔性的缀条在柱体受弯时绷紧并产生细微伸长，既约束了水平位移又使模型具有一定的柔韧性（图4-29）。

3）柱体结构选型

柱体结构形式皆是格构式，格构柱用作压弯构件，多用于厂房框架柱和独立柱，截面一般为型钢或钢板设计成双轴对称或单轴对称截面。格构体系构件由肢件和缀材组

图4-28　单支撑拉索结构

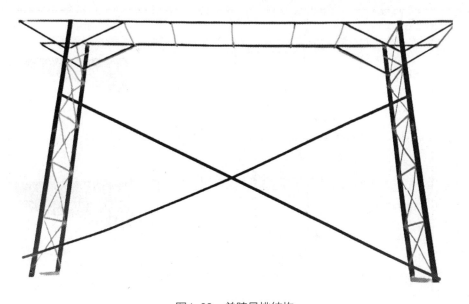

图4-29　单跨悬挑结构

成，肢件主要承受轴向力，缀材主要抵抗侧向力（相对于肢体轴向而言）。格构柱缀材形式主要有缀条和缀板。格构柱的结构特点是，将材料面积向距离惯性轴远的地方布置，能保证相同轴向抗力条件下增强构件抗弯性能，并且节省材料（图4-30）。

材料截面选择见表4-7。

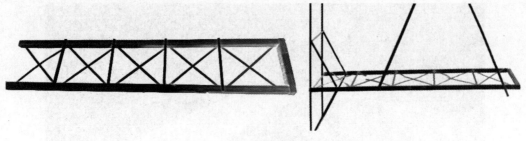

图4-30　格构柱

模型截面   表4-7

构件编号	名称	截面尺寸（mm）	实体效果图
1	张弦拉索	2 × 2	
2	桁架撑杆	3 × 3	
3	格构柱肢件	3, 2, 2, 0.5	
4	格构柱斜向拉索	0.35, 2	

4）模型结构图

模型结构图见图4-31。

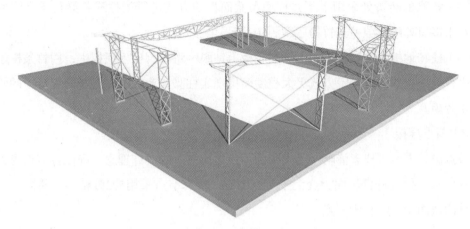

图4-31　模型实物图

3．节点处理及制作

1）杆件拼接连接

参赛者根据结构的形式和受力特性，采取了多种杆件拼接形式（图4-32）：

（1）对于大跨梁部分，采用粗竹杆作为上弦受压杆件，而下弦部分则用细杆件提供拉应力，节点处进行打磨处理后用502胶直接加固。

图4-32　细节处理

（2）多跨连续梁部分因为中间存在较多支柱，均采用细杆件制作完成，下悬用抗拉强度较好的竹条代替。

（3）各梁的转折处采用上下并杆增大截面积的方式进行梁柱或者梁与梁之间的连接。对于接口处的缝隙填充竹粉后滴洒502胶强化加固。

（4）柱和地板的连接，采用电钻在底板上钻眼，将柱脚插入底板中，用竹条楔子使柱和平台连接，插入式固定方式更大程度模拟现实柱脚，为柱子提供竖向支持力的同时也提供弯矩。

2）节点连接

节点设计秉承"概念清晰、受力明确、传力简洁"的设计理念，确保各节点受力处于理想状态，使各杆件轴向力交汇于节点中心。所有节点采用502胶粘接，使同一节点各构件的截面中心线交于一点。

（1）张弦结构撑杆与拱轴的节点以直接对接的方式用502胶加固，再在左右两边加隔板加固。

（2）张弦结构和下方的拉锁节点采用对接后加防滑片的节点处理方式，防止底端节点出现滑移。

（3）张弦结构跨与跨之间的斜拉条在两端节点处，同时对撑杆和拉索与拱轴的节点进行加固，增加抗滑移性。

（4）拉索与拉索的交汇处采用剪断一根，另外一根分别从两侧进行局部加固，再用打磨的竹粉填补缝隙滴加502胶的处理方式。

（5）上部结构和柱子之间的搭接采用铰接的方式，用竹粉填满缝隙再滴502胶即可。

3）制作工具

制作工具按赛题规定准备。

4．模型计算

1）基本假定

（1）柱体与上部渡槽结构之间的连接方式为铰接。

（2）上部渡槽结构各节点连接方式为铰接。

（3）所有结构构件均在弹性范围内工作，计算时不考虑材料非线性。

（4）上部的均布荷载等效为渡槽上的分布荷载。荷载为均布活荷载1.54kN/m²和注水产生的水平张力荷载4N。

（5）支座采用三向铰支座。考虑自重。一端根据实际情况布置弹性支座以限制侧向位移。

2）模型建立

渡槽模型采用MIDAS有限元软件进行模拟。整体模型见图4-33和图4-34。

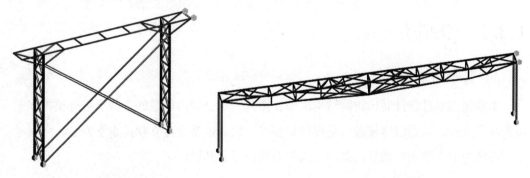

图4-33　单跨悬挑梁模型　　　　　　　图4-34　大跨渡槽模型

3）计算参数

竹材按题目给定参数选用。

模型上部结构为上承式，主梁为张弦梁。屋面支柱采用格构式柱体。节点处连接方式为502胶水胶接，可看作是铰接点。

4）内力计算

模型加载分为两个阶段，第一阶段为注水阶段，向6.5m长的水管中注入50kg的水，第二阶段为测试输水效率，在规定的1min内考验排出水的速度，需要模型具有较为合理的坡度设置和自身挠度恢复。

第一阶段：

（1）关闭水阀门，称量水重量。

（2）打开水泵，将水抽入水管加载，当载入水重不小于50kg时，关闭水泵（载入不能达到50kg，则抽水时间不能多于90s），工作人员记录电子秤读数W_1。持荷20s，模型不发生整体垮塌（允许局部损坏但输水管不能触碰承载台且不能损坏），则加载成功，否则加载失败。

第二阶段：

参赛队员打开阀门，将水排入水桶中，排水2min时，工作人员记录电子秤读数W_2，卸载成功条件和加载相同，不成功则模型卸载、输水效率得分为0分。

4.3 第十四届华东地区高校结构设计邀请赛赛题(防撞结构)

4.3.1 赛题简介

1. 赛题背景

本赛题拟通过设计制作防撞结构模型,使其在承受竖向静载的条件下进行模拟水平撞击加载试验,对指定区域进行防撞保护模拟。以促进学生建立相关力学概念,激发学生对抵抗冲击、撞击等偶然荷载的结构体系的创新和开发。

2. 总体模型

总体模型如图4-35所示,主要由两个部分组成:上部防撞结构模型(以下简称"防撞模型")和下部用来固定模型的竹质底板(以下简称"底板")。

3. 防撞模型设计要求

(1)防撞模型严禁超出设计域。

说明:要求防撞模型必须整体位于模型设计域内部。

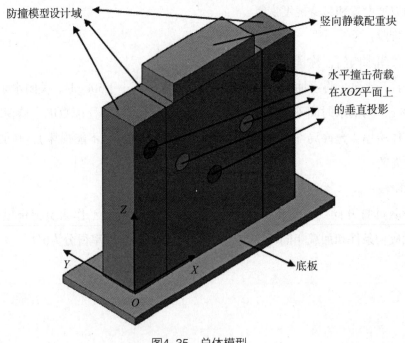

图4-35 总体模型

（2）防撞模型在X∈[80mm, 320mm]，Y∈[0mm, 80mm]，Z∈[345mm, 350mm]的区域范围内应设计适当的支撑（或平台）用于水平放置竖向静载配重块。

说明：要求竖向静载配重块初始放置后，必须保证配重块底面水平，且距离底板顶面的高度不小于345mm，不大于350mm。模型安装后采用激光水平线进行校核。

（3）防撞模型应设计合理的防撞措施用于抵抗三级水平撞击荷载，以对指定区域进行防撞保护。

（4）防撞模型的竖向承重和抗水平冲击体系必须是同一结构体系，严禁分开。水平撞击荷载在XOZ平面上的垂直投影区域（以下简称"作用域"）均为一直径40mm的圆形区域，具体位置如图4-36所示。其中作用域A对应第一级水平撞击荷载，作用域BL或BR对应第二级水平撞击荷载，作用域CL或CR对应第三级水平撞击荷载。

（5）模型的固定

防撞模型通过502胶水固定在底板上，且仅能在图4-37所示的阴影范围内与底板接触。严禁防撞模型的任一构件在阴影范围外与底板粘接或接触。

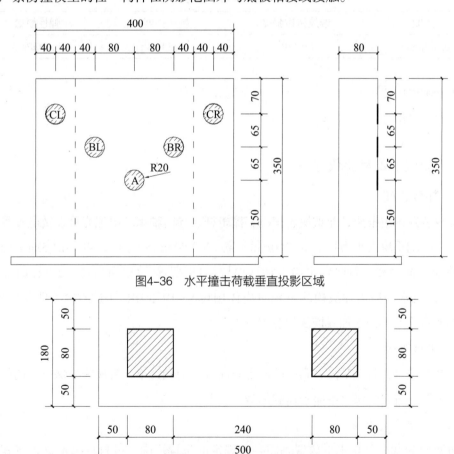

图4-36　水平撞击荷载垂直投影区域

图4-37　防撞模型固定范围

4.3.2 模型材料及制作工具

1．模型材料

1）竹材

竹材的规格及数量如表4-8所示，竹材的参考力学指标如表4-9所示。

竹材规格及数量　　　　　　　　　　　　　　表4-8

竹材规格	竹材名称	数量
1250mm×430mm×0.50mm	本色侧压双层复压竹皮	4张
1250mm×430mm×0.35mm	本色侧压双层复压竹皮	4张
1250mm×430mm×0.20mm	本色侧压单层复压竹皮	4张

竹材参考力学指标　　　　　　　　　　　　　表4-9

密度	顺纹抗拉强度	抗压强度	弹性模量
0.789g/cm^3	150MPa	65MPa	10GPa

2）制作工具

制作工具由竞赛承办方统一提供。

2．加载装置及加载等级

1）加载装置

加载装置由主框架、配重块、摆锤、撞击杆、导向轴承、限位光幕以及电控系统等组成。其中配重块大小为长（X）200mm×宽（Y）80mm×高（Z）40mm（5kg±50g），用于施加竖向静载。每组水平撞击加载模块由1根摆锤、1根撞击杆及2个导向轴承构成，共有5组水平撞击加载模块分别对应作用域A、BL、BR、CL、CR（见图4-36）。图4-38所示为水平撞击加载模块示意图。

2）加载等级

加载测试分为两个阶段：第一阶段为竖向静载加载，第二阶段为在保持竖向静载不变的前提下，进行三级水平撞击荷载加载。

（1）竖向静载加载

将竖向静载配重块水平放置到图4-39规定的位置范围。可自行决定是否将其与防撞模型进行粘结，粘结材料统一采用承办方提供的热熔胶。

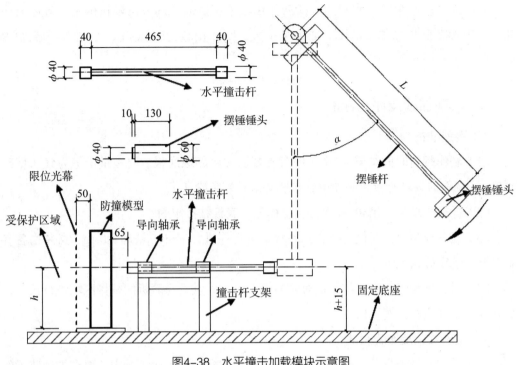

图4-38 水平撞击加载模块示意图

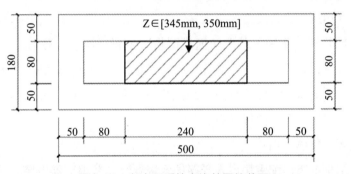

图4-39 竖向配重块允许放置的范围

（2）水平撞击荷载

在保持竖向静载不变的前提下，分三级进行水平撞击荷载加载，三级水平撞击荷载对应的相关参数见表4-10。表中的h、α、L具体标注见图4-38，作用域具体位置见图4-36。

水平撞击荷载参数 表4-10

等级	h（mm）	α	L（mm）	作用域	摆杆重量（kg）	锤头重量（kg）
一级	150	30°	900	A	2.95 ± 0.05	3.00 ± 0.05
二级	215	45°	835	BL或BR	2.80 ± 0.05	
三级	280	60°	770	CL或CR	2.65 ± 0.05	

其中第二级和第三级水平撞击荷载作用域采用掷骰子的方法随机确定。具体方法如下：由参赛队员掷单个骰子。如果是单数，则作用域为BL或CL，否则作用域为BR或CR。

3．模型加载及评判标准

1）赛前准备

（1）制作规定时间结束前2个小时各参赛队按序领取底板，底板重量记为M_1（精确到0.1g，领取时现场称重并必须由各参赛队队长签字确认）；

（2）提交模型前，用502胶水将防撞模型与底板粘接牢固；

（3）提交模型时，对模型（包括底板）进行称重，记M_2（精确到0.1g，必须由各参赛队队长签字确认）；

（4）提交模型时，由工作人员对防撞模型的尺寸及其与底板的粘接区域进行核验，如违反规定即丧失比赛资格。

2）现场安装及加载测试

（1）得到入场指令后，参赛队员迅速将模型（含底板）运进场内，放在加载装置的固定平台上，并用压板夹快速将底板夹紧。

（2）将竖向静载配重块安装至防撞模型指定位置范围后，开启激光水平线进行校核，如不满足放置位置要求不进入静置计时，终止加载环节；如满足要求，开启限位光幕报警器，并开始静置计时，静置时长要求超过15s。在15s（含15s）内，防撞模型出现以下情况均不可进行第二阶段加载：

①构件破坏、整体坍塌；

②构件、结构或竖向配重块侵入受保护区域导致光幕报警器报警。受保护区域为限位光幕报警器远离模型一侧的所有区域（即图4-38中限位光幕报警器左侧的所有区域）。

（3）完成第一阶段加载后，由一名参赛队员现场掷两次骰子确定第二级及第三级水平撞击荷载的作用域。

（4）在工作人员引导下，由参赛队员根据各加载等级对应的作用域，逐级按以下操作步骤对防撞模型施加水平撞击荷载：①取掉撞击杆锁定盖；②取掉摆锤防掉拉环；③开启摆锤释放电源；④按下摆锤释放按钮。

（5）加载过程由各队自行完成，赛会人员负责引导、记录和监督。

3）评判标准

在进行加载时，出现下列任一情形则判定为模型失效，不能继续加载。同时，将通过的水平撞击荷载加载级别视为该模型实际所能通过的最高加载级别。

（1）竖向静载配重块放置过程中，防撞模型任一构件破坏或结构整体坍塌；

（2）竖向静载配重块放置后，静置15s（含15s）内，防撞模型任一构件破坏或结构整体坍塌，或因此而侵入受保护区域导致限位光幕报警器报警；

（3）水平撞击荷载加载过程中，因结构变形超限、构件破坏飞出或水平撞击杆穿透防撞模型等情况侵入受保护区域而导致限位光幕报警器报警；

（4）水平撞击荷载加载过程中，虽限位光幕报警器未响应报警，但明显有构件破坏飞出并侵入受保护区域。

4.3.3　赛题分析及计算书

本结构的制作理念是层层传力、刚柔并济，运用空间桁架组成的双塔抵抗撞击。在面对水平冲击荷载时，首先将动量传递到柔性拉索中，通过增大碰撞接触时间来减小撞击力，同时在碰撞接触截面局部加强，防止剪切破坏。同时，为增强整体稳定性和刚度，双塔之间放置横梁连接。

考虑材料的离散性和制作工艺的误差，作品"越过山丘"的自重为73±3g，能够成功抵抗三级冲击荷载，并且模型顶部位移较小，模型破坏程度微小。

在制作期间我们根据实验结果，利用SAP2000软件对多种方案进行了建模分析选择出最优模型，并根据模型分析结果，分析出受弯扭剪最大的构件，对不同受力杆件的截面和材料进一步改进，让结构更合理，以充分利用材料性能。参赛者经过反复的实验，最终让模型的每一构件都能物尽其用。

关键字：双塔结构；空间桁架；柔性拉索；有限元分析。

1．设计说明

赛题立足于结构设计极限状态（承载力极限状态和正常使用极限状态）的基本概念，融入刚柔并济的结构设计理念，以激发大学生的创新能力为宗旨，同时也使比赛富于竞争性、不定性，增加比赛的观赏性。

1）基本参数

竹材基本参数按题目要求选定，总体模型如图4-40所示。

模型主体结构为空间桁架结构，一级、三级撞击点柔性撞击接触，二级撞击点为刚性撞击接触。节点连接方式为502胶水固接。

模型上部结构为上承式，主体结构为张弦梁与空间桁架组合结构。屋面支柱采用格构式柱体。节点处连接方式为502胶水固接。

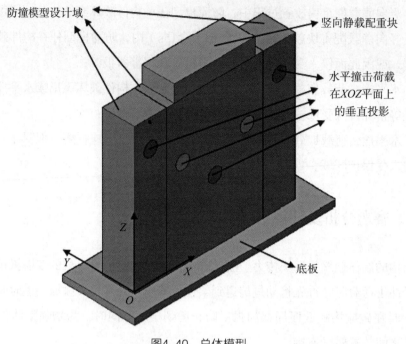

图4-40　总体模型

2）设计思路

随着社会经济的发展及社会环境的日益复杂化，冲击、撞击等偶然荷载工况的发生越来越频繁。在重要建筑中采用设置防撞构筑物，可避免或减轻冲击、撞击等偶然荷载对建筑物、结构物、重要设备造成的破坏。

为达到模型在承受竖向静载的条件下进行模拟水平撞击加载试验，对指定区域进行防撞保护的赛题要求，设计模型方案采用了两榀平面桁架的结构。桁架结构是一种由杆件彼此在两端用铰节点连接而成的结构。桁架是由直杆组成的一般具有三角形单元的平面或空间结构，桁架杆件主要承受轴向拉力或压力，从而能充分利用材料的强度，在跨度较大时可比实腹梁节省材料，减轻自重和增大刚度。

桁架的优点是杆件主要承受拉力或压力，可以充分发挥材料的作用，节约材料，减轻结构重量。常用的有钢桁架、钢筋混凝土桁架、预应力混凝土桁架、木桁架、钢与木组合桁架、钢与混凝土组合桁架。

各杆件受力均以单向拉、压为主，通过对上下弦杆和腹杆的合理布置，可适应结构内部的弯矩和剪力分布。由于水平方向的拉、压内力实现了自身平衡，整个结构不对支座产生水平推力。在抗弯方面，由于将受拉与受压的截面集中布置在上下两端，增大了内力臂，使得以同样的材料用量，实现了更大的抗弯强度。在抗剪方面，通过合理布置腹杆，能够将剪力逐步传递给支座。这样无论是抗弯还是抗剪，桁架结构都能够使材料强度得到充分发挥，从而适用于各种跨度的建筑屋盖结构。更重要的意义还在于，它将横弯作用下的实腹梁内部复杂的应力状态转化为桁架杆件内简单的拉压应力状态，使我们能够直观地了解力的分布和传递，便于结构的变化和组合。

同时，由动量定理 $Ft = m\Delta v$ 为减小撞击瞬间的冲击力 F，模型撞击时应尽量增加水平撞击杆和模型的撞击接触时间 t，为此，在进行一级、三级撞击设计中，采用了柔性竹皮纸作为拉条抵抗撞击，利用竹皮纸顺纹抗拉强度和弹性模量较大的特点，最大程度地增加了撞击过程中的接触时间。

在二级撞击设计中，考虑到模型左右两榀桁架整体性，特地应用抗剪性较强的箱形梁进行整体连接，既在一二级的加载中保证了模型的整体性，又可以利用箱型梁自身抗弯性能来抵抗二级的水平撞击荷载，一梁两用，使得模型更加经济合理。考虑到三级水平撞击荷载的主要受力部位为单侧格构柱，在二级水平撞击中，即使横梁的内部结构发生局部变形或破坏，对三级撞击结果影响仍不大。

在结构选型中，对各种结构形式进行了比较详尽的理论分析和实验比较，着重分析结构变形和不同截面构件连接形式的整体刚度，以期达到较大的效率比。具体措施有以下几点：

（1）根据模型的制作材料，选择适当的结构形式，保证结构刚度和整体性，符合"强柱弱梁"，"强剪弱弯"的抗侧向变形要求。

（2）针对不同的结构形式，在保证安全可靠的前提下，尽量优化模型、减轻质量，使荷质比达到最大。

（3）针对不同的荷载分布，通过大量加载实验，观测模型的变形和破坏，在满足安全的前提下，尽可能提高效率比。

（4）制作材料是竹皮纸，竹皮纸的材料性能与实验室提供的参数存在差异，需要通过大量的实验实际进行测试。

（5）合理运用竹皮纸顺纹抗拉强度高的特性，充分发挥其优越的力学性能。

（6）所有杆件的节点处理必须尽心，以保证安全。

（7）精心设计和制作构件及节点，发现问题及时解决，从实践中不断总结，敢于创新，打破思维定势的约束。

（8）合理借鉴其他团队的成功经验，经常合作交流。

2．结构选型

1）模型结构选择

为合理设计模型结构形式，收集了国内外相关资料，对于不同桥梁结构形式进行了

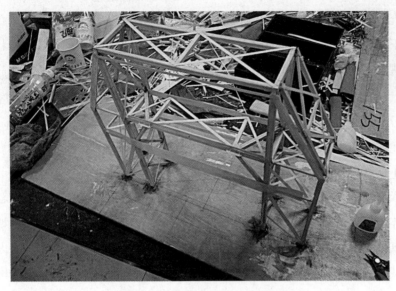

图4-41　格构式双塔连体结构

具体分析。经过分析最终选择格构式双塔连体结构（图4-41）。

以对称格构式结构作为双塔结构的塔柱，本结构需要考虑到扭转效应。因为结构除了产生平动变形外，还会产生扭转变形。该结构能够承受较大内力，能够有效抵抗冲击荷载，虽然在重量上不占优势，但是一种可行的赛题解题方案。

2）材料截面选择

材料截面选择见表4-11。

材料截面选择　　　　　　　　　　　　　　　　　表4-11

构件编号	名称	截面尺寸（mm）	实体效果图
1	拉索	200×0.5	
2	桁架撑杆	$5 \times 5 \times 60$	

构件编号	名称	截面尺寸（mm）	实体效果图
3	顶梁	5×6×250	
4	格构柱肢件	6×6×342	
5	桁架拉索	250×40×0.35	

3）模型结构图

模型计算机建模见图4-42，实物图见图4-43。

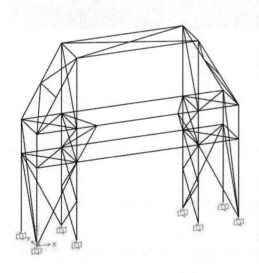

图4-42 SAP 2000建立模型图

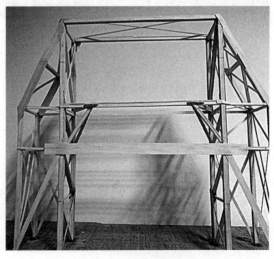

图4-43 模型实物图

3．节点处理及制作

1）杆件拼接连接

参赛者根据结构的形式和受力特性，采取了多种杆件拼接形式：

（1）塔柱的主要受力柱采用竹皮纸拼接而成的空心杆，并且在内部加入隔板以增强杆件的刚度和强度，在竹皮纸的粘结缝隙处再次贴细薄竹皮纸用于强化杆件。

（2）在撞击过程中，塔柱的后侧支撑柱的下侧承担了大部分的轴力和弯矩，可采用并杆进行局部加强、顶部承重的两根横梁，在中间弯矩集中的部分加上小辅梁抵抗弯曲变形。

（3）二级抵抗水平撞击的横梁，用竹皮纸拼接而成为工字梁用于抵抗撞击，翼板和腹梁用502胶直接加固。

2）节点连接

节点设计秉承"概念清晰、受力明确、传力简洁"的设计理念，确保各节点受力处于理想状态，使各杆件轴向力交汇于节点中心。所有节点采用502胶粘接，使同一节点各构件的截面中心线交于一点。节点连接见图4-44。

图4-44　节点连接

（1）对于塔柱桁架的杆件连接处，采用了竹皮纸包被，在包被的缝隙处填充打磨的竹粉，滴加502胶水使之固结在一起。

（2）拉索与拉索的交汇处采用剪断一根，另外一根分别从两侧进行局部加固，再用打磨的竹粉填补缝隙滴加502胶的处理方式。

（3）上部结构和柱子之间的搭接采用铰接的方式，用竹粉填满缝隙再滴502胶即可。

3）柱脚节点

设计杯型基础，在塔柱柱脚处堆积打磨的竹粉，使柱子和底板间的接触面积大大增加，防止模型整体因柱脚固定不牢而掀起，如图4-45所示。

4．设计计算

1）基本假定

（1）塔柱的横杆、斜杆均为几何不变的刚体。

（2）塔柱结构之间的各节点连接方式为铰接。

（3）所有结构构件均在弹性范围内工作，计算时不考虑材料非线性。

（4）上部的均布荷载等效为梁上的分布荷载。

（5）柱脚的边界条件为铰接。

图4-45　柱脚节点

2）模型建立

防撞击模型采用SAP2000有限元结构分析程序进行模拟分析，在一个可视化的界面中模拟模型遭受静荷载和冲击荷载后各部位的内力分布情况。建模时遵循上述的基本假设，整体模型见图4-46、图4-47。

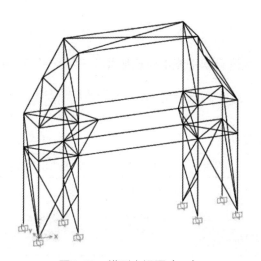

图4-46　模型主视图（一）

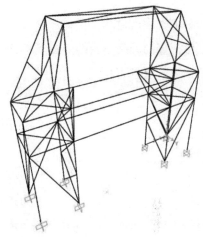

图4-47　模型主视图（二）

3）计算参数

竹材基本参数按题目要求选定。

模型整体结构为双塔式建筑，采用刚柔并济的思想，在一、三级水平撞击加载中采用柔性拉索抵抗冲击荷载，通过增大撞击接触时间来减少瞬间撞击力。二级为刚性杆件抵抗冲击荷载，刚性横梁除了抵抗水平撞击外还将双塔连接成一个紧密的整体，增强结构整体的稳定性和可靠性。

4）内力计算

加载测试分为两个阶段：第一阶段为竖向静载加载，第二阶段为在保持竖向静不变的前提下，进行三级水平撞击荷载加载。

（1）竖向静载加载

将竖向静载配重块水平放置到图4-48规定的位置范围。可自行决定是否将其与防撞模型进行粘结，粘接材料统一采用承办方提供的热熔胶。

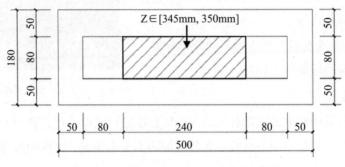

图4-48　竖向配重块允许放置的范围

（2）水平撞击荷载

在保持竖向静载不变的前提下，分三级进行水平撞击荷载加载，三级水平撞击荷载对应的相关参数见表4-12。

水平撞击荷载参数　　　　　　　　　　　　　　表4-12

等级	h（mm）	α	L（mm）	作用域	摆杆重量（kg）	锤头重量（kg）
一级	150	30°	900	A	2.95 ± 0.05	
二级	215	45°	835	BL或BR	2.80 ± 0.05	3.00 ± 0.05
三级	280	60°	770	CL或CR	2.65 ± 0.05	

其中第二级和第三级水平撞击荷载作用域采用掷骰子的方法随机确定。如果是单数，则作用域为BL或CL，否则作用域为BR或CR。

关键问题及对策预案：

①构件尺寸精度

在切割竹条时要用力均匀，刀片垂直于竹条，也可用剪刀裁剪。

②构件粘贴效果

保持粘结面的清洁与工整，使接触面尽可能大，给予粘结面施加一定的力度，或借助竹粉涂在粘结缝内，争取粘结一次成功。

③模型的垂直度

一是保证各个构件的加工精度，二是在竖向与底板连接时要进行调整，利用两个组装三角板协助模型拼装，保证垂直度。

4.4 第十五届华东地区高校结构设计邀请赛赛题（桥梁结构顶推法施工模型设计与制作）

4.4.1 赛题简介

1．赛题背景

桥梁顶推法施工是桥梁施工中常用和重要的施工方法之一。顶推法施工原理：沿桥纵轴方向的桥台后设置预制场，分阶段预制拼装梁体或整体制造梁体，通过水平千斤顶施力，借助由聚四氟乙烯模压板与不锈钢板特制的滑移装置，将梁体逐段向前顶推，就位后落梁，并更换正式支座，从而完成桥梁施工。

采用顶推法施工，具有占地少、不设支架、质量稳定、施工安全和成本低廉的特点，是中等跨度桥梁中最具有竞争力的一种架桥工艺。学习和推广顶推法施工对目前我国跨铁路线桥梁施工具有现实意义。

2．赛题概况

赛题要求参赛队设计一个可采用顶推法施工的桥梁模型。模型由两部分组成，分别是桥梁主体部分及导梁部分，如图4-49所示。

1）几何尺寸要求

主体部分长度固定为1420mm（水平投影），导梁部分长度在0~600mm之间，主体和导梁宽度在50~100mm之间，主体部分最低高度不小于30mm。几何尺寸允许偏差±3mm。

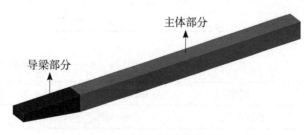

图4-49 总体模型

2）荷载要求

（1）加载块为铁块，长方体，已经由热缩管塑封。铁块密度为7.86g/cm³，铁块几何尺寸为100mm×30mm×22mm（长×宽×高），热缩管塑封后的加载块几何尺寸为101mm×31mm×23mm。

（2）加载块总量为45块，每块质量为（520±5）g，共23.40kg。

（3）最低加载面，即所有加载块的安放最低高度大于承台板水平标高30mm，防止加载块与限位装置接触。

（4）加载块布置方式：在结构模型的主体部分纵轴方向按荷载块编号依次单层放置，加载块宽度方向沿纵轴布置，加载块长度方向沿横轴布置，要求荷载沿纵轴方向均匀分布。荷载只能由模型主体部分承担。

（5）不允许打磨、粘胶、捆绑等方式改变或破坏加载块的行为，亦不可作为结构的一部分。

4.4.2 模型材料及制作工具

1.模型材料

竹材

竹材的规格及单位质量如表4-13所示，竹材力学指标参考表4-14。

竹材规格及单位质量   表4-13

类型	竹材规格（mm）	质量（g/片或支）
竹皮	1250×430×0.20（单层）	70
	1250×430×0.35（双层）	123
	1250×430×0.50（双层）	175
竹条	900×6×1	3.8
	900×2×2	2.5
	900×3×3	5.6

竹材参考力学指标   表4-14

密度	顺纹抗拉强度	抗压强度	弹性模量
0.789g/cm³	60MPa	30MPa	6GPa

2.制作工具

制作工具由竞赛承办方统一提供。

4.4.3 加载设备及加载阶段

1．加载装置

加载装置由支架、承台板、支座、水平限位装置、电机驱动装置、驱动滑块、控制箱、加载块等组成。其中承台板上表面与支座上表面等高。水平限位装置可调节其间距（50～100mm），作用为限制顶推过程中结构的侧向偏移，其与模型接触面布置连续滚轮，滚轮凸出2mm。由电机驱动装置将驱动滑块匀速推进，再由驱动滑块与参赛模型接触进行顶推。驱动滑块横截面为20mm×20mm，长度提供50、60、70、80、90、100mm六种供参赛队员选择。顶推过程由参赛队员操纵控制箱来控制电机驱动装置（图4-50）。

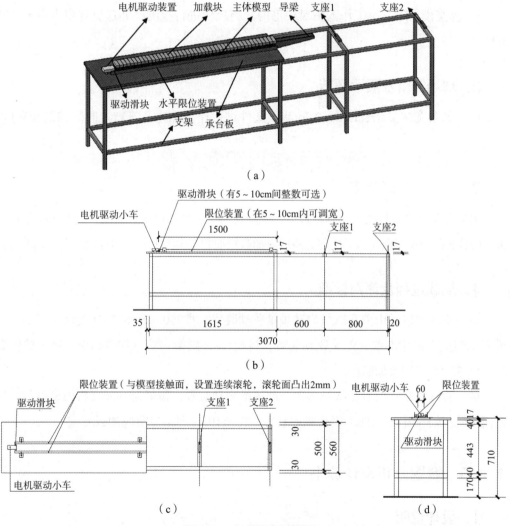

图4-50 加载设备示意图

（a）三维示意图；（b）立面图；（c）平面图；（d）侧视图

2．加载阶段

加载测试分为两个阶段。第一阶段为开始顶推至截面A到达支座1的中心线（前后5mm可视为到达）。第二阶段为截面A到达支座2的中心线（前后5mm可视为到达）。

4.4.4　模型加载及评判标准

1．加载前准备

1）制作规定时间结束前2个小时内，各参赛队可提交模型。提交模型前，确保已将模型加工完毕，提交后不可再对模型进行操作。

2）提交模型时，对模型进行称重，记M_i（精确到0.1g）。

3）提交模型时，由工作人员对模型的几何尺寸进行检测，如违反规定则丧失比赛资格。

2．现场答辩及展示环节

由一名参赛队员结合PowerPoint演示文件进行作品陈述及答辩。时间控制在3分钟以内。

3．安装及荷载检测

由参赛队员将模型放置于承台板上，安放在两个水平限位装置之间，调节水平限位装置，使其能限制模型横向水平位移。将所有加载块加载至模型上，按照规定配重方式放置。

4．加载过程及评判标准

第一阶段加载：由参赛队员启动顶推驱动装置，按350mm/min的速度将模型推进。截面A到达支座1中心线，停止驱动装置，持荷10s，则第一阶段加载结束。第一阶段失败不可进行第二阶段加载。

第二阶段加载：由参赛队员再次启动顶推驱动装置，按规定的速度将模型推进。当截面A到达支座2中心线处，停止驱动装置，持荷10s，则第二阶段加载完成。

4.4.5　赛题分析及计算书

1．设计说明

本赛题拟通过设计制作顶推桥梁结构模型，使其在承受竖向均布静载的条件下，使用顶推施工模拟装置（图4-51）进行加载实验，以促进学生理解顶推施工工艺、掌握顶推法关键技术，激发学生对顶推结构体系和施工控制措施的创新和开发。

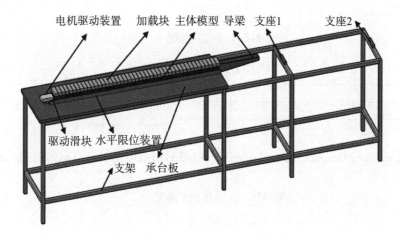

图4-51 顶推施工模拟装置

竹材基本参数按题目要求选定。

赛题要求设计一个可采用顶推法施工的桥梁模型。模型由两部分组成：分别是桥梁主体部分及导梁部分。主体部分长度固定为1420mm（水平投影），导梁部分长度在0~600mm之间，主体和导梁宽度在50~100mm之间，主体部分最低高度不小于30mm。几何尺寸允许偏差±3mm。

模型主体结构为钢桁架结构，模型的所有杆件、节点、连接部件均采用所给定竹材及502胶水制作完成。模型各部分具体尺寸如图4-52~图4-59所示。

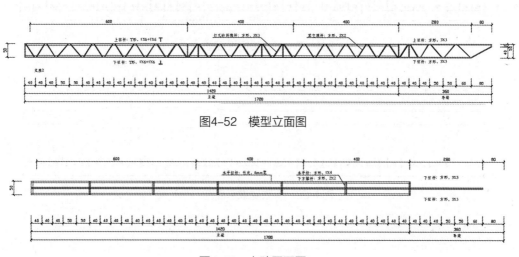

图4-52 模型立面图

图4-53 上弦平面图

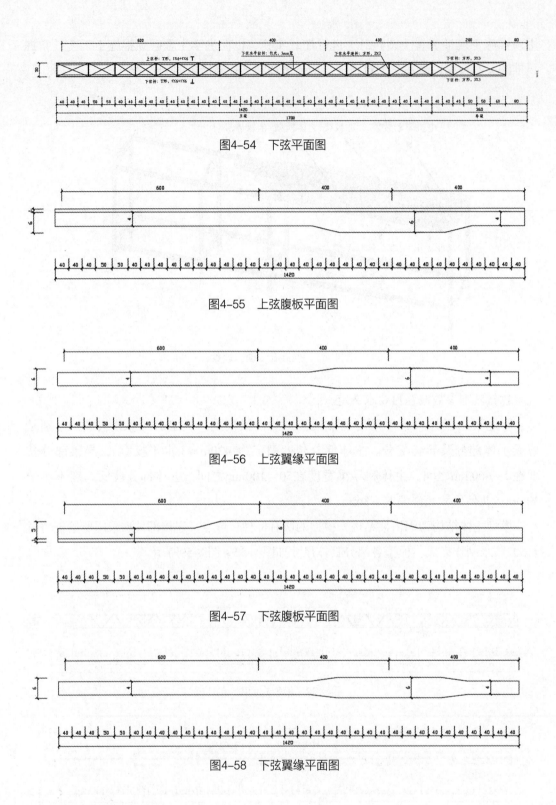

图4-54 下弦平面图

图4-55 上弦腹板平面图

图4-56 上弦翼缘平面图

图4-57 下弦腹板平面图

图4-58 下弦翼缘平面图

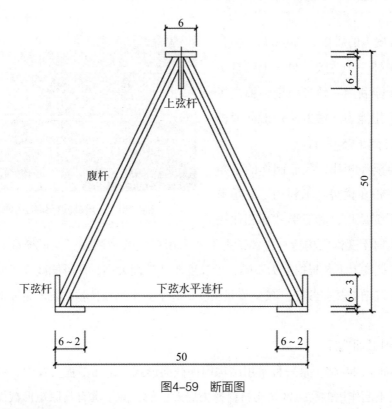

图4-59　断面图

2．设计思路

桥梁顶推法施工是桥梁施工中常用和重要的施工方法之一。目前，我国已将连续梁顶推施工技术推广运用到连续刚构、斜拉桥、钢管混凝土拱等结构，其应用范围已达到世界先进水平行列。

顶推法施工原理：沿桥纵轴方向的桥台后设置预制场，分阶段预制拼装梁体或整体制造梁体，通过水平千斤顶施力，借助由聚四氟乙烯模压板与不锈钢板特制的滑移装置，将梁体逐段向前顶推，就位后落梁，并更换正式支座，从而完成桥梁施工。采用顶推法施工，具有占地少、不设支架、质量稳定、施工安全和成本低廉的特点，是中等跨度桥梁中最具有竞争力的一种架桥工艺。学习和推广顶推法施工对目前我国跨铁路线桥梁施工具有现实意义。

桥梁按照受力特点划分，有梁式桥、拱式桥、刚架桥、悬索桥、组合体系桥（斜拉桥）五种基本类型。其中梁式桥质量太大不予考虑，而拱式桥下平面为拱形，也不利于使用顶推方法。又考虑到大跨度因素，团队准备选用刚架桥和悬索桥进行制作。

3．结构选型

1）模型结构选择

团队集思广益，提出将模型设计为截面三角形。虽然为了固定加载块增加了一些附件（支撑竹皮）的质量（图4-60），但是这样既能减掉一个主要构件（上弦杆）的重量，又能利用三角形稳定性提高了模型整体抗扭能力。模型从矩形截面模型的80g降低到了75g左右。

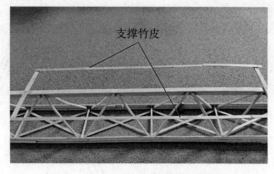

图4-60　三角截面桁架结构模型图

支撑竹皮

和其他模型相比，我们制作的三角截面模型有很多优势：①利用了三角形自身几何不变原理，和矩形截面相比去掉了保持几何不变性的构造杆件；②上下弦采用T形和L形断面，保证抵抗矩的情况下减少了质量；③上下弦根据受力不同，沿长度改变截面大小，尽可能减少质量；④在受力大的位置增加竖向腹杆，减少节间长度；⑤下弦平面设X形拉条，保证下弦平面的几何不变。

2）材料截面选择

T形截面（图4-61）是一种常用结构构件截面形式，是在工程实践中，将矩形梁中对抗弯强度不起作用的受拉区结构材料挖去后形成的，除了具有与原矩形截面抵抗矩相近特征外，还可以节约结构材料，减轻构件的自重。

同样，L形截面（图4-62）在工程实践中也是一种常用的构件截面形式。其表现在工程中通常以角钢的形式出现。主要用于制作框架结构，例如高压输电的塔架、钢结构桥梁主梁两侧的框架等。经过参考实例后，我们在模型的局部区域构件采用L形截面的形式。其具有制作工艺简单，抗拉强度高，还可具有节约结构材料、减轻构件的自重等优点。

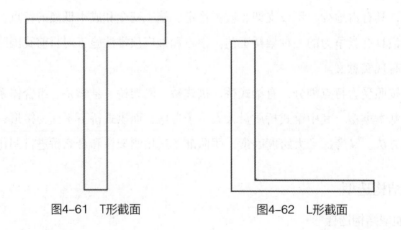

图4-61　T形截面　　　　　　　图4-62　L形截面

3）模型结构图

模型分为主体（图4-63）和导梁（图4-64）部分，其中主体部分长度为1420mm（水平投影），导梁部分长度为360mm（水平投影）。

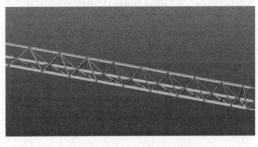

图4-63　模型主体3D结构图

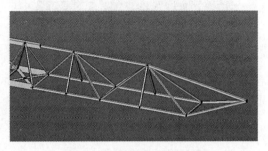

图4-64　模型导梁3D结构图

4．结构的构造及制作

1）杆件拼接连接

T形杆由两根1×6的竹条垂直粘贴而成，但一整根竹条长度才900mm而桥梁主体长1420mm，需要进行搭接。三角截面一根弦需要4根竹材进行搭接，一共是12（3×4）根的竹材，6个连接点。借鉴钢筋搭接的方式，将6个连接点分别错开（图4-65），保证同一截面不能有两个及以上的连接点，这样才能保证连接点处不被拉扯开。同时T形杆件的腹板连接点进行并杆处理，使得拼接的两根竹条更加牢固。

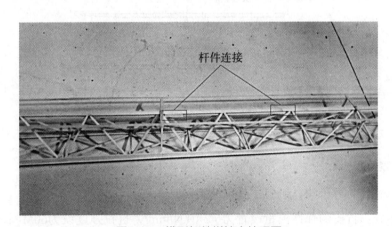

图4-65　模型杆件拼接点处理图

2）节点连接

节点在连接过程中，先要进行打磨，使连接的两部分尽可能增大接触面积，然后再用竹条打磨的竹粉（图4-66）进行填缝加固，最后采用502胶水固结（图4-67），保证节点在加载的过程中不脱落。

图4-66 砂纸打磨的竹粉

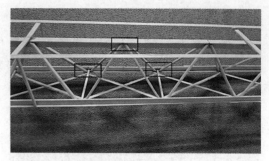

图4-67 节点处理图

5. 设计计算

1）基本假定及模型建立

采用MIDAS有限元分析软件，进行模型的内力分析及强度检验。模型采用beam单元模拟模型所有杆件，杆件两端约束dx、dy、dz三个自由度，即假定所有拼接为全刚性节点。支座（赛题中A_1和A_2支座）采用点支座。通过计算加载块质量，反算其为线荷载施加于上部梁单元。模型图见图4-68。

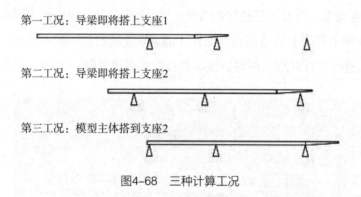

第一工况：导梁即将搭上支座1

第二工况：导梁即将搭上支座2

第三工况：模型主体搭到支座2

图4-68 三种计算工况

2）计算参数

在MIDAS分析软件中，进行了如下的定义：

材料部分：竹皮的弹性模量设置为$6 \times 10^3 N/mm^2$，抗拉强度设为60MPa，线膨胀系数7.84×10^{-6}，泊松比0.28。

几何信息部分：各构件截面及尺寸按实际输入。

荷载模式部分：根据本次结构大赛中的要求，荷载为均布荷载23.4kg。

3）内力计算

团队成员利用MIDAS分析软件对三种工况进行分析，找出最不利情况，采取相应

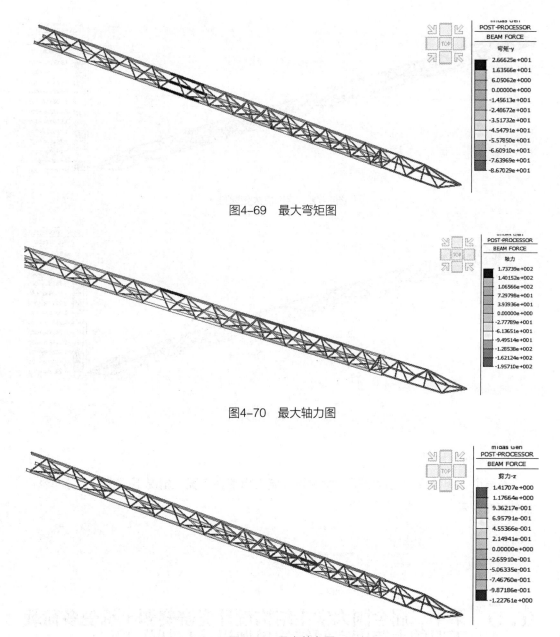

图4-69　最大弯矩图

图4-70　最大轴力图

图4-71　最大剪力图

的模型结构进行预防。其中最大弯矩出现在工况二，对应的弯矩情况见图4-69；最大轴力出现在工况三，对应的轴力见图4-70；最大剪力出现在工况二，对应的剪力见图4-71。

4）位移计算

在对位移进行分析中，发现最大位移发生在工况三情况下。位于支座1与支座2中的主体长度前800mm此时属于简支梁，简支梁中部受正弯矩，此时产生的位移在整个顶推过程中最大，其位移变化情况如图4-72所示。

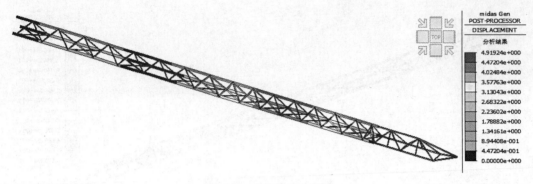

图4-72　结构最大位移图

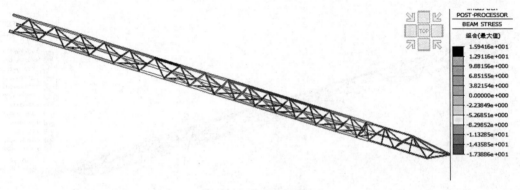

图4-73　最大应力图

5）承载力计算

对三个工况的应力进行分析，发现最大应力出现在工况三情况下，其应力分布情况如图4-73所示。

4.5　第十二届全国大学生结构设计竞赛赛题（承受多荷载工况的大跨度空间结构模型设计与制作）

4.5.1　赛题简介

1．赛题背景

目前大跨度结构的建造和所采用的技术已成为衡量一个国家建筑水平的重要标志，许多宏伟而富有特色的大跨度建筑已成为当地的象征性标志和著名的人文景观。

本次题目，要求学生针对静载、随机选位荷载及移动荷载等多种荷载工况下的空间结构进行受力分析、模型制作及试验。此三种荷载工况分别对应实际结构设计中的恒荷载、活荷载和变化方向的水平荷载（如风荷载或地震荷载），并根据模型试验特点进行了一定简化。选题具有重要的现实意义和工程针对性。通过本次比赛，可考察学生的计算机建模能力、多荷载工况组合下的结构优化分析计算能力、复杂空间节点设计安装能力，检验大学生对土木工程结构知识的综合运用能力。

2．赛题概况

竞赛赛题要求参赛队设计并制作一个大跨度空间屋盖结构模型，模型构件允许的布置范围为两个半球面之间的空间，如图4-74所示，内半球体半径为375mm，外半球体半径为550mm。

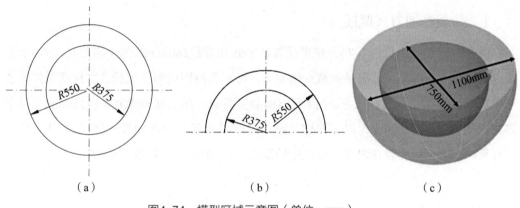

（a）　　　　　　　　　　（b）　　　　　　　　　（c）

图4-74　模型区域示意图（单位：mm）
（a）平面图；（b）剖面图；（c）3d图

模型需在指定位置设置加载点，加载示意图如图4-75所示。模型放置于加载台上，先在8个点上施加竖向荷载，具体做法是：采用挂钩从加载点上引垂直线，并通过转向滑轮装置将加载线引到加载台两侧，采用在挂盘上放置砝码的方式施加垂直荷载。在8个点中的点1处施加变化方向的水平荷载，具体做法是：采用挂钩从加载点上引水平线，通过可调节高度的转向滑轮装置将加载线引至加载台一侧，并在挂盘上放置砝码用于施加水平荷载。施加水平荷载的装置可绕通过点1的竖轴旋转，用于施加变化方向的水平荷载。具体加载点位置及方式详见后续模型加载要求。

图4-75 加载3D示意图

4.5.2 加载与测量

1. 荷载施加方式概述

竞赛模型加载点见图4-76，在半径为150mm和半径260mm的两个圆上共设置8个加载点，加载点允许高度范围见加载点剖面图，可在此范围内布置加载点。比赛时将施加三级荷载，第一级荷载在所有8个点上施加竖直荷载；第二级荷载在$R = 150mm$（以下简称内圈）及$R = 260mm$（以下简称外圈）这两圈加载点中各抽签选出2个加载点施加竖直荷载；第三级荷载在内圈加载点中抽签选出1个加载点施加水平荷载。

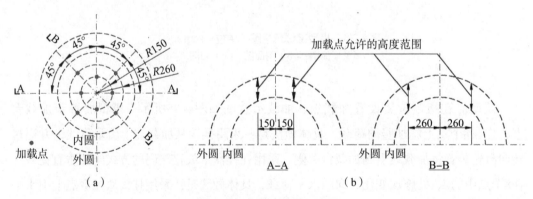

图4-76 加载点位置示意图
（a）加载点平面位置图加载；（b）加载点剖面图

比赛时选用2mm粗高强尼龙绳，绑成绳套，固定在加载点上，绳套只能捆绑在节点位置，尼龙绳仅做挂重用，不兼作结构构件。每根尼龙绳长度不超过150mm，捆绑方式自定，绳子在正常使用条件下能承受25kg重量。每个加载点处选手需用红笔标识出以加载点为中心，左右各5mm、总共10mm的加载区域，如图4-77所示，绑绳只能设置在此区域中。加载过程中，绑绳不得滑动出此区域。

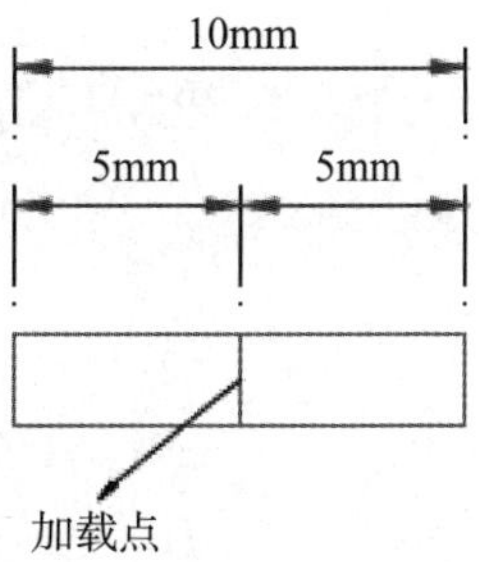

2. 抽签环节

本环节选手通过两个随机抽签值确定模型的第三级水平荷载加载点（对应模型的摆放方向）及第二级的竖向随机加载模式。

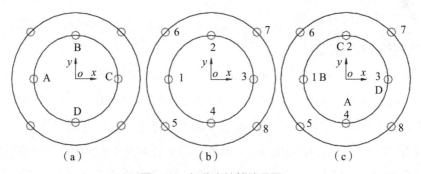

图4-77　加载点卡槽示意图

1）抽取第三级加载时水平荷载的加载点

参赛队伍在完成模型制作后，要在内圈4个加载点附近用笔（或者贴上便签）按顺时针明确标出A、B、C、D，如图4-78（a）所示。采用随机程序从A至D等4个英文大写字母中随机抽取一个，所抽到字母即为参赛队伍第三级水平荷载的加载点。此时，将该点旋转对准x轴的负方向，再将该加载点重新定义1号点。另外7个加载点按照图4-78（b）所示规则编号：按照顺时针的顺序，在模型上由内圈到外圈按顺时针标出2～8号加载点。例如，若在抽取步骤（1）中抽到B，则应该按图4-78（c）定义加载点的编号，其他情况以此类推。

图4-78　加载点抽签编号图

2）抽取第二级竖向荷载的加载点

第二级竖向荷载的加载点是按照图4-79中的6种加载模式进行随机抽取的，抽取方式是用随机程序从（a）至（f）等6个英文小写字母中随机抽取一个，抽到的字母对应到图4-79中相应的加载方式，图中的带方框的红色的加载点即为第二级施加偏心荷载的加载点。

图4-79中点1～8的标号与抽取步骤（1）中确定的加载点标号一一对应。例如，如果在此步骤中抽到（d），则在1、2、5、7号点加载第二级偏心荷载，在1号点上加载第三级水平荷载。

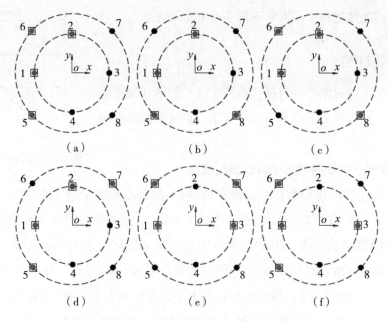

图4-79　6种竖向荷载加载模式示意图
（带方框的红色点表示第二级垂直荷载的加载点）

3．模型几何尺寸检测

1）几何外观尺寸检测

模型构件允许存在的空间为两个半球体之间，如图4-74所示。检测时，将已安装模型的承台板放置于检测台上，采用如图4-80的检测装置A和B，其中A与B均可绕所需检测球体的中心轴旋转180°。检测装置已考虑了允许选手有一定的制作误差（内径此处允许值为740mm，外径为1110mm）。要求检测装置在旋转过程中，模型构件不与检测装置发生接触。若模型构件与检测装置接触，则代表检测不合格，不予进行下一步检测。

2）加载点位置检测

采用如图4-81的检测装置C检测8个竖直加载点的位置。该检测台有8个以加载点垂足为圆心，15mm为半径的圆孔。选手需在已经捆绑的每个绳套上利用S形钩挂上带有100g重物的尼龙绳，尼龙绳直径为2mm。8根自然下垂的尼龙绳，在绳子停止晃动之后，可以同时穿过圆孔，但都不与圆孔接触，则检测合格。尼龙绳与圆孔边缘接触则视为失效。

水平加载点采用了点1作为加载位置，考虑到绑绳需要一定的空间位置，水平加载点定位与垂直加载点空间距离不超过20mm。

在模型检测完毕后，队员填写第二、第三级荷载的具体数值，签名确认，此后不得更改。

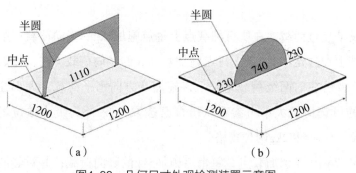
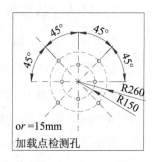

图4-81　竖直加载点位置
检测装置

图4-80　几何尺寸外观检测装置示意图
（a）外轮廓检测装置A；（b）内轮廓检测装置B

4．模型挠度的测量方法

工程设计中，结构的强度与刚度是结构性能的两个重要指标。在模型的第一、二级加载过程中，通过位移测量装置对结构中心点的垂直位移进行测量。根据实际工程中大跨度屋盖的挠度要求，按照相似性原理进行换算，再综合其他试验因素后设定本模型最大允许位移为$[\omega] = 12mm$。位移测量点位置如图4-82所示，位移测量点应布置于模型中心位置的最高点，并可随主体结构受载后共同变形，而非脱离主体结构单独设置。测量点处粘贴重量不超过20g的尺寸为30mm×30mm的铝片，采用位移计进行位移测量。参赛队员必须在该位移测量处设置支撑铝片的杆件。铝片应粘贴牢固，加载过程中出现脱落、倾斜而导致的位移计读数异常，各参赛队自行负责。

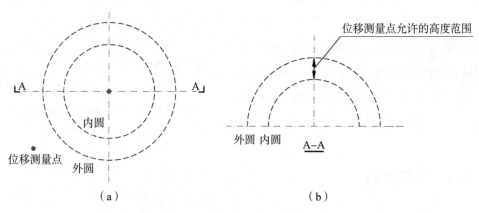

图4-82　位移测量点位置示意图
（a）位移测量点平面位置图；（b）位移测量点剖面图

在上述步骤完成后，将位移计对准铝片中点，位移测量装置归零，位移量从此时开始计数。

5．具体加载步骤

加载分为三级，第一级是竖直荷载，在所有加载点上每点施加5kg的竖向荷载；第二级是在第一级的荷载基础上在选定的4个点上每点施加4～6kg的竖向荷载（注：每点荷载需是同一数值）；第三级是在前两级荷载基础上，施加变方向水平荷载，大小在4～8kg之间。第二、三级的可选荷载大小由参赛队伍自己选取，按1kg为最小单位增加。现场采用砝码施加荷载，有1kg和2kg两种规格。

1）第一级加载：在图4-76中的8个加载点，每个点施加5kg的竖向荷载；并对竖向位移进行检测。在持荷第10秒钟时读取位移计的示数。稳定位移不超过允许的位移限值[ω] = 12mm（注：本赛题规则中所有的位移均是指位移绝对值，若在加载时，位移往上超过12mm也算失效），则认为该级加载成功。否则，该级加载失效，不得进行后续加载。

2）第二级加载：在第一级的荷载基础上，在抽取的4个荷载加载点处施加4～6kg的竖向荷载（每个点荷载相同）；并对竖向位移进行检测。在持荷第10秒钟时读取位移计示数，稳定位移不超过允许的位移[ω] = 12mm，则认为该级加载成功。否则，该级加载失效，不得进行后续加载。

3）第三级加载：在前两级的荷载基础上，在点1上施加变动方向的水平荷载。比赛选手首先在Ⅰ点处挂上选定荷载。而后参赛队伍自己推动已施加荷载的可旋转加载装置，依次经过Ⅰ、Ⅱ、Ⅲ、Ⅳ四点，并且不受到结构构件的阻挡。这四个点的位置关系如图4-83所示。转到Ⅰ、Ⅱ、Ⅲ、Ⅳ这四点时，应各停留5s。如果加载的过程中，模型没有失效，则加载成功。

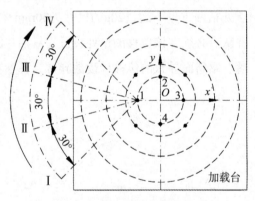

图4-83　第三级荷载加载方式

4.5.3　模型材料

（1）竹材基本参数按题目要求选定。

（2）制作工具由主办方提供。

（3）铝片用于挠度测试；尼龙挂绳用于绑扎挂钩用，称重时挂绳绑扎在结构上一起称重。

4.5.4 模型加载装置参考尺寸图

钢架示意图及滑轮组布置示意图（滑轮用于将加载点引到加载台侧面，使得加载更加安全）见图4-84和图4-85。

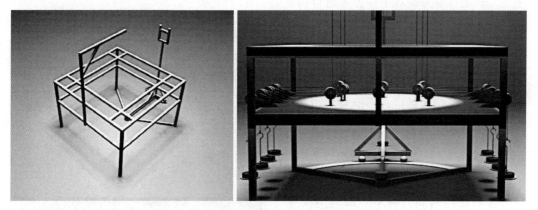

图4-84 钢架示意图

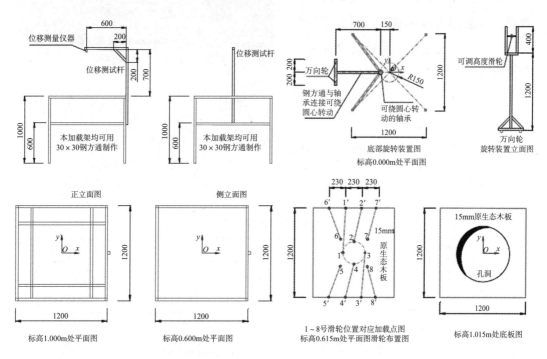

图4-85 尺寸图（单位：mm）

4.5.5 赛题分析及计算书

1. 设计说明

本赛题要求参赛队设计并制作一个大跨度空间屋盖结构模型，因此，我们从强度、刚度、稳定性等方面对结构方案进行构思。

（1）在承受不同荷载的情况下，保证梁、柱、拉索等构件不发生剪切、弯扭、拉伸等破坏；

（2）保证结构整体刚度，控制结构位移满足赛题要求；

（3）保证结构稳定，不能发生明显晃动；

（4）在满足以上三个条件的情况下，尽量将结构质量减轻。

2. 方案比选

在前面模型的基础上，根据多次实验，发现原先设计的格构柱在加载时，竹条经常会因为材料的不均匀而发生弯曲现象，并且稳定性也不能完全保证。因此经过4~5次改进尝试之后，将柱体结构进行改良，并设计了如图4-86所示的模型结构。

表4-15中列出了所有选型方案的优缺点：

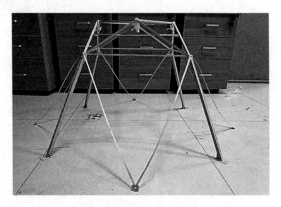

图4-86 终选模型方案

结构优缺点对比　　　　　　　　　表4-15

	选型1	选型2	选型3	选型4	选型5
优点	稳定性强	质量较轻	质量较轻	稳定性强	稳定性较强
缺点	质量重	杆件受剪	变形较大	质量较重	模型质量较轻

空心杆柱在粘接操作上相较于格构式柱简便，并且在同质量上也能满足结构的需求。

总结：选型1、4在强度、刚度、稳定性上都可以满足赛题规定，但是其结构经过反复精简，最终质量都大于100g，在减重空间上稍弱于选型5的结构；选型2、3在模型自重上较轻，但是其强度、刚度、稳定性并不能保证每次都通过加载检验，风险较大。通过这几个月的实验对比，最终确定的方案效果图及模型实物图如图4-87所示。

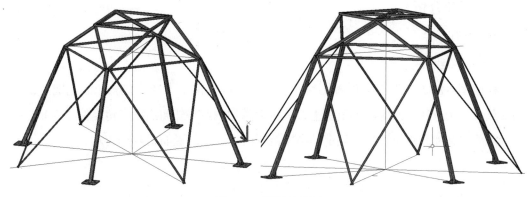

图4-87 模型效果图

3. 结构建模及主要参数

（1）在本次结构设计竞赛中采用有限元分析软件MIDAS建立了结构的分析模型，如图4-88所示。

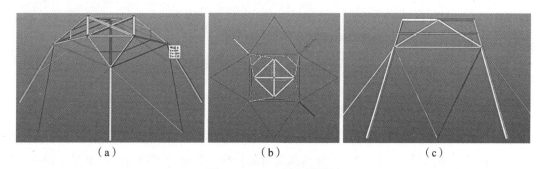

（a）　　　　　　　　　（b）　　　　　　　　　（c）

图4-88 MIDAS建模模型

（a）结构分析模型三维轴测图；（b）结构分析模型平面图；（c）结构分析模型立面图

（2）结构分析中的主要参数

在MIDAS分析软件中，进行了如下的定义：

材料部分：竹皮的弹性模量设置为$6 \times 10^3 \text{N/mm}^2$，抗拉强度设为60MPa，线膨胀系数设置为$7.84 \times 10^{-6}$，泊松比设置为0.28。

几何信息部分：各构件截面及尺寸按实际输入。

荷载模式部分：根据本次结构大赛中的要求，第一级荷载在8个加载点分别施加5kg的竖向荷载，即每个加载点输入49N的荷载；二级荷载为在随机抽取4个加载点上施加6kg的竖向荷载，即每个加载点在一级荷载的基础上再输入58.8N的荷载；三级荷载是在一个加载点施加8kg的水平荷载，即在三级加载点再输入58.8N的荷载。

结构支座部分：在底部施加了刚性约束。

4.受荷分析

1）内力分析

（1）第一级荷载

根据图4-89加载点平面位置图所示，内圈荷载点位于半径为150mm的范围上，外圈加载点位于半径为260mm的范围上，其中内圈加载点与外圈加载点角度偏心为45°。

需要保证加载点位置处于规定的高度范围内，具体位置如图4-89所示。

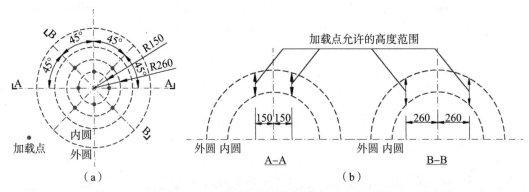

图4-89　加载点具体位置（单位：mm）

（a）加载点平面位置图；（b）加载点剖面图

在所有加载点上施加5kg的竖向荷载。

经过分析，我们选取其轴力图及y轴方向的弯矩图进行分析，具体情况如图4-90所示：

由内力分析结果可以得知：一级荷载为对称荷载，其轴力与弯矩分布情况在理论上是对称的，弯矩在杆件上为二次函数分布，极值集中于杆件两端。

（2）第二级荷载

如图4-91所示，二级荷载有六种施加方式。

根据赛题要求，我们选取a组的加载形式进行模拟。

由内力分析结果可以得知：二级施加不对称荷载，在二级施加荷载处附近的杆件内力较大，因此需要向四周设置拉索分担一定的荷载。

（3）第三级荷载

三级荷载在1号点施加变方向水平荷载，大小在4~8kg之间，我们选取变向过程中x方向进行分析，见图4-92。

由内力分析结果可以得知：当施加三级荷载时，1号加载点的杆件受到轴力较大，但是主要受力杆件为交叉杆件，如图4-93所示，因此可适当强化图示中的深蓝色杆件，并将绿色杆件截面进一步缩小。

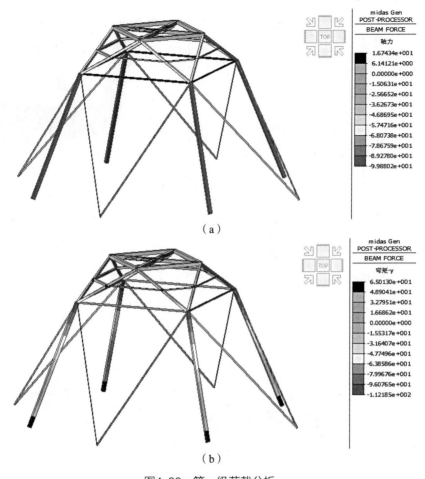

图4-90 第一级荷载分析

（a）第一级荷载下结构轴力图；（b）第一级荷载下结构弯矩图

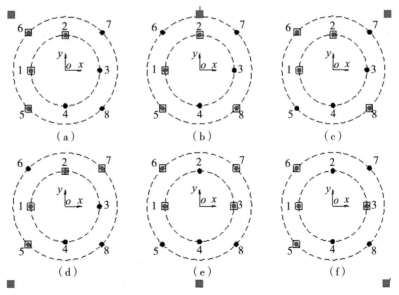

图4-91 6种竖向荷载加载模式示意图

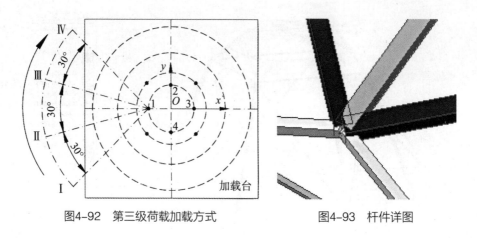

| 图4-92　第三级荷载加载方式 | 图4-93　杆件详图 |

2）变形分析

（1）第一级荷载

第一级荷载为对称荷载，其变形主要以整体沉降为主，经过分析，其变形情况如图4-94所示：

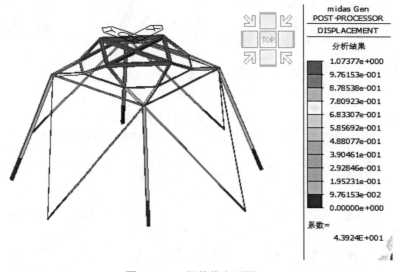

图4-94　一级荷载变形图

由变形分析结果可以得知：内圈加载点向下移动，外圈加载点向外扩张，其中为了限制位移，顶部拉索发生了拉伸变形，因此为了限制住其位移变形量，可以对拉索进行强化，使得拉索的变形量减少，从而限制模型的位移。

（2）第二级荷载

第二级荷载为不对称荷载，其变形为不均匀竖向变形，由变形分析结果可以得知：由于模型发生了不均匀变形，因此节点处应在具有足够的承载力的前提下，还应该具有一定的变形能力。从而能够保证节点在结构不均匀变形后而不发生脱落、剪切等破坏，同时底部拉索也产生了较大的形变，应强化底部拉索节点，防止因变形过大，产生节点脱落，从而发生剪切破坏等现象。

（3）第三级荷载

三级荷载为水平变相荷载，变形主要以水平方向的位移为主，由于顶部受到拉力，模型水平方向水平约束较弱，导致水平位移较大。由变形分析结果可以得知：模型在1号加载点处受到水平方向的力后，会随着拉力的方向产生相应的位移变形，由于1号加载点在二级加载的时候也受力，导致1号加载点对位的底部拉索变形进一步增大，但是由于赛题的抽签机制，强化底部拉索的强度成为模型能否成功的重中之重。

3）小结

综合图例及数据分析，可以得到此模型的具体受力情况，但模型的实际情况还需通过加载进行实际记录。

本次模型理论模拟与实际加载情况大致相同，主要指内力的分布情况等。在位移结果上，还是与实际加载情况有较大差距。此结构理论上竖向位移为1.072mm，然而实际上却已经达到了5~6mm左右，与实际情况的位移量相差较多。

通过分析，初步判断产生误差可能有以下2个方面：

①竹材的力学性能与模型中的本构关系的设置可能并非完全一致。

②节点属性的复杂性。模型中节点在实际中既不属于刚接，也不属于铰接，并且每个节点的加工工艺均不同，导致节点性能与理论分析相差较大。

5．节点构造

节点部位是模型制作的一个关键，表4-16中列出了本模型各种节点的说明及图例。

模型节点简介　　　　　　　　　　　　　表4-16

节点位置	说明	图例
顶部结构与撑杆节点	通过使用0.2mm的竹皮纸分离出的无纺布，对此节点进行维护加强	

节点位置	说明	图例
撑杆与柱节点	首先使用竹条打磨出的细粉，将连接处填平，之后通过使用0.2mm的竹皮纸分离出的无纺布，对此节点进行维护加强	
底部拉索节点	通过两片0.35mm的竹皮纸片，按照逆纹理相并的方式，固定两条拉索并粘接	
柱脚节点	通过采取增加辅助竹片的方式，增大柱脚与地面的接触面积，保证柱脚的稳定性，并进一步强化柱脚节点的强度	

模型三视图见图4-95，主要构件详图见表4-17。

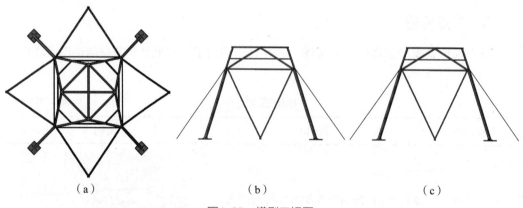

（a）　　　　　　　　（b）　　　　　　　　（c）

图4-95　模型三视图
（a）模型俯视图；（b）模型左视图；（c）模型前视图

主要构件详图　　　　表4-17

编号	L1	L2	L3
截面形状	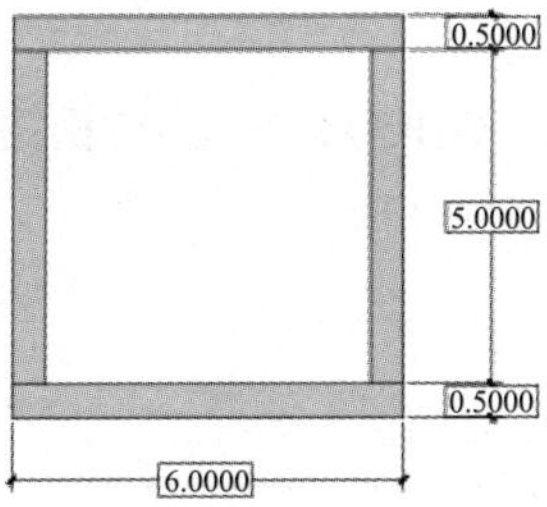	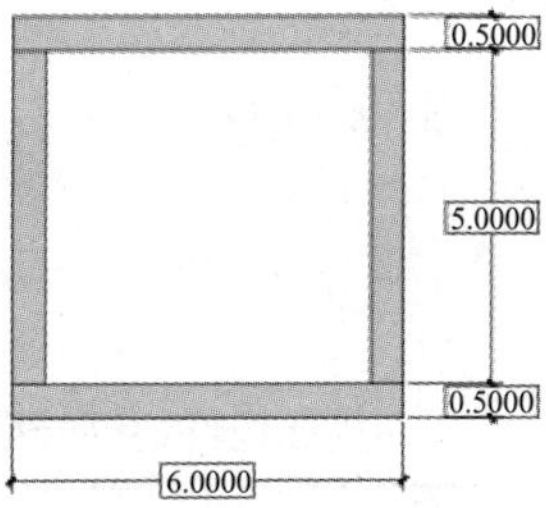	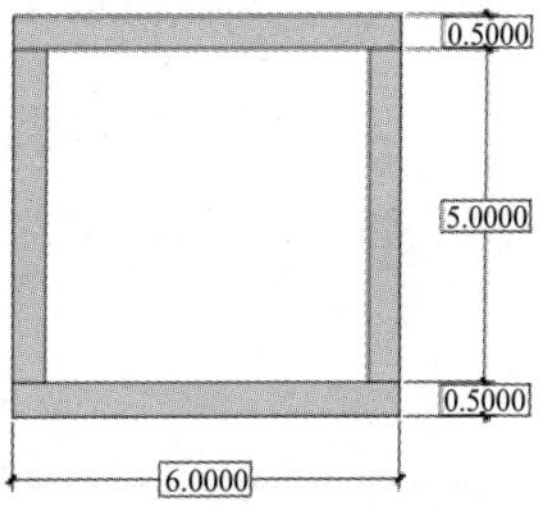
尺寸	6mm × 6mm × 150mm	6mm × 6mm × 300mm	6mm × 6mm × 212mm
数量	2	1	4
编号	L4	L5	L6
截面形状	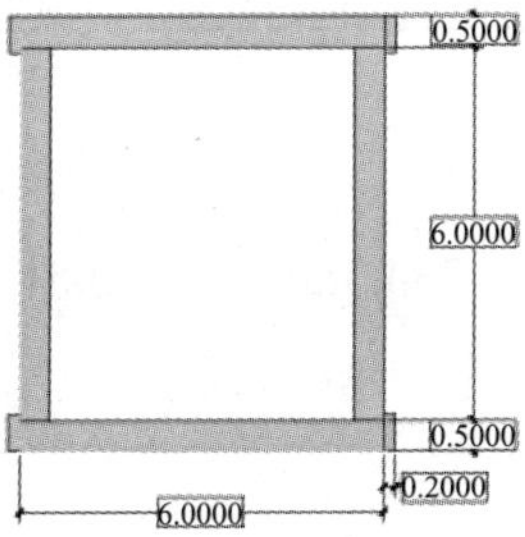	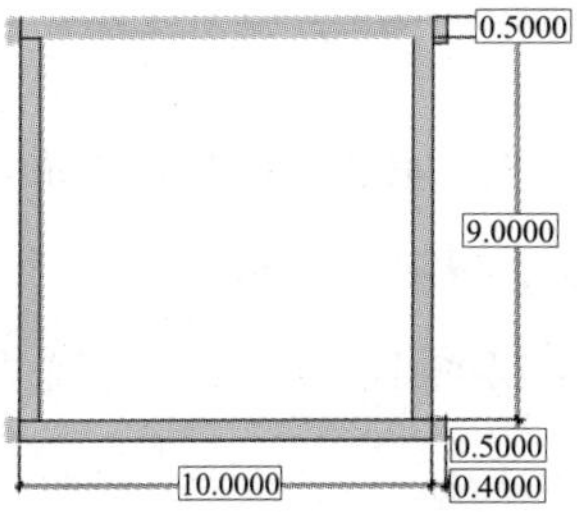	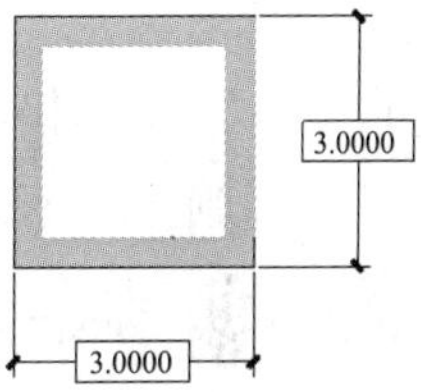
尺寸	6mm × 7mm × 220mm	10mm × 10mm × 396mm	3mm × 3mm × 15mm
数量	8	4	4

6．附录

1）力学计算分析

（1）轴心受压柱验算

根据MIDAS分析，我们得到其柱所受的轴力、弯矩等并对比数值，发现其柱主要以受轴力为主。我们使用结构设计原理对其一根柱进行验算。

①强度验算

$$\sigma = N/A_n \leqslant f$$

解得$\sigma = 10.71$ MPa＜60MPa，即强度验算满足实验要求。

②刚度验算

通过构件的长细比[λ]对轴心受力构件进行刚度验算：

$$\lambda = l_0 / i \leqslant [\lambda]$$

式中 λ——构件长细比；

l_0——构件计算长度；

i——截面回转半径；

[λ]——构件容许长细比，参考《钢结构设计标准》GB 50017—2017相关条款，其选择标准如下，见表4-18。

受压构件容许长细比   表4-18

项次	构件名称	容许值
1	柱、桁架和天窗架构件、柱的缀条、吊车梁或吊车梁以下的柱间支撑	150
2	支撑（吊车梁或吊车梁以下的柱间支撑除外）用以减少受压构件长细比的杆件	200

式中，l_0取0.65倍的柱长度：$400 \times 0.65 = 260$mm。

$i_x = i_y$，则：$i = (I / A)^{1/2}$，$A = A_n = 19$mm^2，求得$I = 234.5$mm^4，$i = 3.51$mm。

[λ]取150，即$\lambda = l_0 / i = 74 \leqslant [\lambda] = 150$，即其刚度满足使用要求。

③稳定性验算

此处借鉴《钢结构设计标准》GB 50017—2017中整体稳定性计算公式：

$$N / \varphi A \leqslant f$$

φ为轴心受压构件整体稳定系数。

假设$\varepsilon_k = 1.0$，φ值可通过查表，得$\varphi = 0.616$，即$N/\varphi A = 17.39$MPa＜60MPa，满足整体稳定要求。

④局部稳定验算

$$b_0 / t = 9 / 0.5 \qquad h_0 / t_w = 9 / 0.5$$

设$\varepsilon_k = 1.0$，可得b_0 / t或$h_0 / t_w \leqslant 40\varepsilon_k$，满足稳定要求。

（2）顶部结构梁单元验算

我们选取顶部结构部分杆件进行验算，根据MIDAS结果分析，可得其梁单元受力形式为压弯构件。根据结构设计原理的知识，我们选取其中一根杆件进行验算。

①强度验算

由于材料的塑性发展未知，我们采取边缘纤维屈服作为构件强度计算的依据。

其强度应满足：

$$N / A_n + M / W_n \leqslant f$$

式中　A_n——构件截面净截面面积;

　　　N——取$N = 106.9$N（分析结果）;

　　　M——取$M = 114.64$N·mm（分析结果）;

　　　f——取$f = 60$MPa。

算得$A_n = 13$mm^2, $W_n = 19.75$mm^2

代入上式, 满足强度要求。

②稳定性验算

在此, 我们参考《钢结构设计标准》GB 50017—2017中计算式:

$$N / (\varphi_x Af) + \beta_{mx} M_x / [\gamma_x W_x (1 - 0.8N / N'_{EX})] \leqslant f$$

φ_x为弯矩作用平面内轴心受压构件的稳定系数。ε_k我们在此假设为1。

$$N'_{EX} = \pi EA / N\lambda_x^2$$

式中, $\lambda_x = t / i$; 算得$i = 3.26$, $L = 162.5$mm, $E = 6.0 \times 10^6$N / m^2, $N'_{EX} = 281$N

γ_x取1.0, 则:

$$N / (\varphi_x Af) + (\beta_{mx} M_x) / [\gamma_x W_x (1 - 0.8N / N'_{EX}) f] = 0.573 \leqslant 1$$

即满足整体稳定要求。

③局部稳定

对翼缘: $b_0 / t \leqslant 40\varepsilon_k$; ε_k取1, 即满足局部稳定要求。

对腹板: $h_0 / t_w \leqslant 40\varepsilon_k$; ε_k取1, 即满足局部稳定要求。

2）连续性倒塌

我们在每次加载的时候都会安装相机对加载过程进行拍摄, 并多次加载实验, 将拍摄的视频进行剪辑。我们发现此模型的破坏往往都是迅速的, 粉碎性的脆性破坏, 破坏形式见图4-96、图4-97。

图4-96为摄影设备拍摄的破坏瞬间, 从图4-96可以看出, 破坏具有瞬间性, 粉碎性以及不可逆性等特点。我们将图4-96放大, 可以看出最先破坏的节点如图4-97所示, 图4-97为底部拉索节点。

我们将底部拉索节点取出进行分析, 底部节点处为竹皮纸制造过程中产生的逆纹理缺陷部位, 即此节点的抗拉强度远远低于60MPa, 因此当拉力超过其受力极限时, 产生

图4-96　整体倒塌图　　　　　　　　　　　图4-97　破坏节点

破坏。具体破坏结果如图4-98所示。

　　建筑结构在遭受偶然荷载作用下，其
直接的初始局部破坏可能引起大范围的连
锁反应继而造成连续性的倒塌事故，并最
终导致巨大的财产损失和人员伤亡。结构
的连续性倒塌是指非预期荷载导致的局部
破坏产生不平衡力，使其邻域单元内力变
化而失效，并促使构件破坏连续性扩展下
去，造成与初始破坏不成比例的部分或全
部结构倒塌。

图4-98　破坏结果

　　从这段话我们可以得到以下的信息：

　　①建筑结构遭受非预期荷载；

　　②局部破坏产生不平衡力；

　　③构件破坏连续性扩展；

　　④与初始破坏不成比例的部分或全部结构倒塌。

　　经过长时间的减重尝试，我们已将结构形式减至较简形式，这样也增加了结构在加
载过程中发生连续性倒塌的概率。

　　为了提升成功率，我们采取了增加辅助杆件和加强节点的方式保证成功率，如
图4-99所示。

图4-99　辅助杆件

　　当然，为了保证结构的轻便，我们将增加辅助杆件的构件宽度适当降低（在经过模拟验算之后，保证改良后的结构在受力上优于前结构），尽力控制结构质量的增加。

　　但是对于本结构，我们的优先级是保证足够的节点强度，为了保证节点的强度，我们使用无纺布将节点进行包扎固定，并扩大柱脚节点的面积，对柱节点进行强化包扎。

　　通过实验，我们发现无纺布（将竹皮纸纤维打碎剥离而得）在浇灌502胶水之后，会形成具有较好弹塑性的节点。相比于刚性节点，无纺布节点允许结构发生较小的弹性位移，从而缓解节点上的应力，保证节点的安全稳定。

[1] 叶见曙. 结构设计原理[M]. 北京：人民交通出版社，2021.

[2] 吕恒林. 结构力学[M]. 北京：中国建筑工业出版社，2020.

[3] 刘鸿文. 材料力学（Ⅱ）[M]. 6版. 北京：高等教育出版社，2017.

[4] 武际可，王敏中，王炜. 弹性力学引论[M]. 北京：北京大学出版社，2001.

[5] 王敏中. 高等弹性力学[M]. 北京：北京大学出版社，2022.

[6] 刘延柱，陈立群，陈文良. 振动力学[M]. 北京：高等教育出版社，2019.